U0929634

中国古代家训三百篇

方　羽　编著

商務印書館国际有限公司

中国・北京

图书在版编目(CIP)数据

中国古代家训三百篇 / 方羽编著. -- 北京：商务印书馆国际有限公司，2019.1

ISBN 978-7-5176-0612-3

Ⅰ.①中… Ⅱ.①方… Ⅲ.①家庭道德-中国-古代 Ⅳ.①B823.1

中国版本图书馆 CIP 数据核字(2018)第 266124 号

ZHONGGUO GUDAI JIAXUN SANBAIPIAN

中国古代家训三百篇

编　　著 方　羽
责任编辑 解洪科　朱洪军
封面设计 张　萌
出版发行 商务印书馆国际有限公司
地　　址 北京市东城区史家胡同甲 24 号(邮编:100010)
电　　话 010-65592876(总编室)
010-65122489(编辑部)
010-65598498(市场营销部)
网　　址 www.cpi1993.com
印　　刷 三河市紫恒印装有限公司
开　　本 880mm×1230mm　1/32
字　　数 270 千字
印　　张 12
版　　次 2019 年 1 月第 1 版第 1 次印刷
书　　号 ISBN 978-7-5176-0612-3
定　　价 42.80 元

版权所有 · 违者必究
如有印装质量问题，请与我公司联系调换。

前 言

家训，是家族或家庭用于训诫、教育子弟后代的话。它包括家诫、家规、家范、家箴、庭诰、遗训等形式，另外，父兄以及长辈写给子弟等晚辈的劝谕性家书，也可归入此类。

家训的产生和发展源远流长，从周文王的《诏太子发》算起，成文的家训至今已有三千多年的历史。历代的名人志士、文豪学者、文武大臣，以及书香之家、世仕之族，多以家训的形式训诫子弟、教育后代。这些家训有不少一直流传到今天，为我们留下了一笔宝贵的思想文化遗产。

一

现代意义上的家庭，从产生之日到今天，已有近五千年的历史了。这还只是就中国的情况而言，如果从世界范围内来探讨，可能出现的时间还要早。

恩格斯在《家庭、私有制和国家的起源》一书中，对家庭的起源，尤其对当今世界的一夫一妻制家庭的出现与作用，进行了深刻的分析。然而中国古代的哲人们，对家庭的产生，对家庭的作用，却自有一番论述。

《周易·序卦》说："有天地然后有万物，有万物然后有男女，有男女然后有夫妇，有夫妇然后有父子，有父子然后有君臣，有君臣然后有上下，有上下然后礼义有所措。"从三千年前的古代哲人们对社会发展、国家构成的这一看法中，可以看出：古人认为家庭是在宇宙万物的发展上形成的，它又是社会、国家的基础。我们可以毫不夸张地说：以男女、夫妇为基础的家庭，不仅关系到国家的形成，同时也是社会的基本细胞。古今中外、南北东西、诸家各派，都不能否定家庭存在的合理性，也无法排除其在国家、社会发展中的地位。

既然如此，人们就有责任使家庭成员更优秀，使家庭关系更和谐，使家庭真正成为对国家社会发展有帮助的良性细胞。

在这方面，中国古代的家教传统是值得肯定的。可以说，中国封建时代家庭教育的发展，在世界上可以说是一枝独秀。在中国历史的长河中，合乎礼仪的、奋发向上的、劝人为善进德的家庭教育，是封建官僚士大夫们培养、教育后代的重要方面。它始于儿童“知善恶”之时，此后伴随孩子入塾、成人、科考、做官，这种教育一直都没有停止。意殷言谆的家庭教育，熏陶、造就出一代又一代中华民族的优秀代表。在这种教育中，家训的作用是异乎寻常的。

关于家庭，孟子有这样的议论：“人有恒言，皆曰天下国家。天下之本在国，国之本在家，家之本在身。”在封建社会，官僚士大夫也好，一般读书人也好，历来以“修齐治平”即修身、齐家、治国、平天下为个人的立世目标，齐家，是中国人社会生活的重要部分。为人父兄的家长们，为了完成齐家之任，就往往通过家训、家书的形式，向后代灌输古圣今贤的思想，激励后代的志向，以“合乎礼义”的做人规范和处世艺术来训饬后代。几千年来，这已成为一种传统，代代不息，蔚为大观。家训富含浓厚的中华传统思想，萃集了经各代哲人凝炼的哲理，对中国人的民族性格的传承、人格的熏陶和民族文化的认同，起到了重要作用。在这个意义上，中国的家训丝毫不亚于西方的《圣经》。

二

中国古代的家训大体可分为家范和家书两大类。

属于家范类的，有家诫，如三国王昶的《家戒》、西晋李秉的《家诫》；庭诰，如南朝宋颜延年的《庭诰》、清康熙的《庭训格言》；家训，如南北朝时颜之推的《颜氏家训》、南朝王褒的《幼训》、北宋包拯的《戒廉家训》、南宋陆游的《放翁家训》、明庞尚鹏的《庞氏家训》、清朱柏庐的《朱子家训》等；家范，如北宋司马光的《家范》、南宋袁采的《袁氏世范》等；家箴，如元郝经的《家人箴》、明方孝孺的《家人箴》、清张英的《聪训斋语》等；家规，如明徐三重的《家则》等；遗令，如东汉赵咨的《遗书敕子胤》、三国时向朗的《遗言戒子》等。

上述的这些家训都是专门写下来，立此存照，训诫家中子弟，以至传至后代的。因此，往往比较系统，一般围绕修身、治家、处世、教子等几个大的方面，条分缕析，面面俱到。有些家规，如孙奇逢的《孝友堂家训》、司马光的《家范》甚至连长幼如何行礼、子孙如何祭祀、坟地的树如何栽种、来往亲戚如何接待等，都一条条地加以规定。这部分内容尽管比较庞大，但今天已无多少价值。有些家箴类家训，收集了不少警世哲语，加以编排、分类，读来朗朗上口，对今人颇有警策意义。有些家训，如颜之推的《颜氏家训》，除了教子、治家等内容外，还涉及音韵、音乐、风俗等内容，可以说是一部家教百科全书了。

具有训诫意义的家书，是家训的重要组成部分。家书因人而异、随事而写、有感而发，尽管不很系统，但富有情感，意味深长，言辞恳切，今天读来，仍令人有荡气回肠之慨。在家书中，有的直接点出了训子、诫子的主题，如西汉刘向的《诫子歆书》、东汉郑玄的《戒子益恩书》、三国刘廙的《诫弟纬书》、三国诸葛亮的《诫子书》、南北朝时徐勉的《诫子崧书》、唐卢氏的《训子崔玄玮书》、唐柳玭的《戒子弟书》、明徐媛的《训子书》、清纪昀的《训次儿书》、清曾国藩的《谕子纪泽书》等。另外一些家书则是书信中隐含劝谕训诫之意，如三国虞翻的《与弟书》、唐颜真卿的《与绪汝书》、唐舒元舆的《贻诸弟砥石命》、宋胡安国的《与子书》、明李际阳母的《与子书》、明彭士望的《示儿婿书》、清左宗棠的《致孝威、孝宽》、清张之洞的《诫子书》等。

与家训的板起面孔的训诫相比，家书中那些娓娓道来的长者之言，更富于感染力，更能启发、教育和鼓舞下一代。家书中不乏文情并茂的动人之句，如诸葛亮的“非澹泊无以明志，非宁静无以致远”，彭端淑的“学之，则难者亦易矣；不学，则易者亦难矣”，彭士望的“惟勉勉以求益，非汲汲于知名”，纪昀的“事能知足心常惬，人到无求品自高”，左宗棠的“志患不立，尤患不坚”等，都是家书中的训子名言。这些名言，今天读来，仍使我们的心灵为之震撼。

三

一般说来，家训的内容包括修身、治家、处世、为学、立志、气节、为政等几个方面，其中又以修身、处世、治家最为主要。

因为是“家训”，所以治家在其中占主要地位是可以理解的。由于中国封建时代盛行宗法制度下的大家族，所以“治家”不仅仅是父慈子孝、耕读传家，更包括了相当部分的有关宗族礼法、墓域祠堂、田产房屋、奴仆侍役等方面的规定。其中蕴含的诸多思想，如立家以勤俭为本、安贫乐道、耕读传家、教子当早、教子当严、齐家以和、忍让兴家、教子以正等，都是今天应该加以弘扬的。

封建士大夫历来重视对子孙后代的人格教育，反映在家训中，就是勉子立志、勖子气节、教子为学、饬子修身的内容。这部分内容在家训中所占比例极大。尤其在家书中，更是占绝大部分。其中如“志当存高远”“有志者当勉学以就业”“作人要立决烈志奋刚大气”“聪明当用于正”“君子忧天下不忧个人”等，足可让人奋发；而“生不可不惜，不可苟惜”“正不可不守”“为人当以贫富贵贱为末”“清白之家，当以家声为要”“风波之来先问有愧无愧”等，又足可让人守定气节，义不受辱；其他如反映戒骄戒躁、反躬自省、节欲制怒、忌满求虚、淡泊寡欲等思想的训诫之言，更是汗牛充栋，举不胜举。至于教子为学方面的家训，尤其是关于学习方法和治学态度方面的论述，更是已广为人们所知。这部分家训中的大部分足可为今人所取法，或令今人从中受到良多教益。

修身也好，齐家也好，从政也好，与人相处是必会碰到的难题。如何才能搞好与他人的关系呢？古代家训中有关这方面的教诲也是举不胜举的。择其要者，如“谦虚为立世之本”“交接贵协与礼”“巧伪不如拙诚”“处世之道树德不树怨”“作人须有宽和之气”“交友贵在得贤”“不可妄议褒贬他人”等，即使在今天，仍可以作为我们立身处世的准则。

四

本书从历代的家训和家书中选出若干名句，集为一编，试图为今天的读者提供教子的名言、治家的良方、处世的箴言。书中收入的家训名言的作者，上起西汉孔臧，下至清末张之洞，绝大部分是对中国的文明进步有过或大或小贡献的人物。

家训名言的撷集，一般为截取其中最富训诲意义的部分，要能体现出中华民族优秀的传统文化和精神。短者数句，长者数十句，力求情文并茂，语言精粹，意味悠长，有赏读价值和收藏价值。为了使读者在一览目录之际，即可了解全书内容之大概，每篇名言都代拟出能够体现名句精神的标题。

为了帮助读者了解家训名言的出处和作者的概况，书中专列“解题”一目，对家训或家书的作者做简要介绍，一作者入选数篇的，只在首出一篇中加以介绍，其他的以参见加以解决。

为了使古文基础不深的读者也可通过本书领略中国古代家训的精义要旨，本书对各篇家训名言均以现代汉语进行了翻译。译文只求传达出原文的总体意旨，不着力于字句的生解和训诂，以免有佶屈聱牙之憾。

为了方便广大读者从古代家训中汲取营养、教育后代、修身齐家，收入本书的家训名言，以立志、气节、修身、为学、处世、节俭、治家为纲，按各主题选列自古而下的各个时代的家训名言。另外，在每篇名言最后，还附有编者的简短评点，指出其现实意义，尽可能全面地满足广大读者赏读、训子、研究、收藏的需要。

由于编者水平有限，加之时间匆促，本书中所收的家训名言未必完备，译文及作者简介也可能有不当之处，评点之文更可能有言不及义、挂一漏万之虞，期望得到读者的批评，并希望得到方家的指正。

编　者

目　录

气节编 …… 43

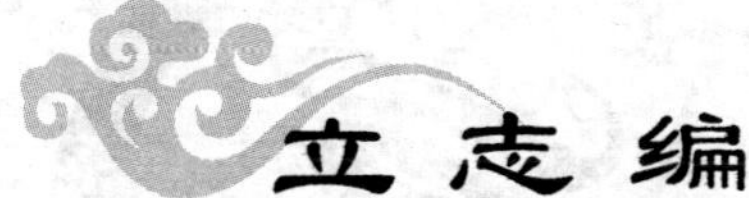

立志编

001. 立志高远方能上进

原文

人之进道，惟问其志。取必以渐，勤则得多。山溜至柔，石为之穿。蝎虫至弱，木为之弊。夫溜非石之凿，蝎非木之钻，然而能以微脆之形，陷坚钢之体，岂非积渐之致乎。训曰：“徒学知之未可多，履而行之乃足佳。”故学者所以饰百行也。

解题

本篇选自孔臧写给他儿子孔琳的信。孔臧，西汉初人，其父孔聚为刘邦大臣，封蓼夷侯。文帝九年（前 171），孔臧袭职，至武帝元朔三年（前 126）免职。孔琳为汉时较有名的学者。

译文

人进步的方法、途径，关键在于他立的志向。在做学问上，必须坚持循序渐进。只有勤于学习，才可多得知识。山间滴水是至为柔软的，却可以穿过坚石；木中的蠹虫是极为羸弱的，却可以破坏巨木。水滴不是凿坚石的凿子，蠹虫不是钻木的钻子，但是它们能以自己的羸弱之形，穿过坚硬的木石，难道不是逐渐积累所造成的吗？古人说：“仅是通过学习来掌握知识不值得过分赞美，学以致用才是值得提倡的。”所以，学者要修炼自己多种多样的品行。

本篇提出了两个主题：一是学习上立志之后要锲而不舍，二是要将所学知识用于实践。这几句劝学名言，为历代学者所赏识，也是历代学子所遵循的至理名言。今天的为学者也可从这两条中，悟出许多东西。

002. 德行立于己志

咨尔茕茕一夫，曾无同生相依。其勖求君子之道，研钻勿替，敬慎威仪，以近有德。显誉成于僚友，德行立于己志。若致声称，亦有荣于所生，可不深念邪！可不深念邪！

解 题

本篇选自郑玄的《戒子益恩书》。郑玄（127—200），东汉著名经学家。他博通群经，潜心著述，为汉代经学之集大成者，世称“郑学”。此戒子书为其七十岁时所作。曾国藩十分赞赏此信，并用以教育子孙。

你是我的独生儿子，也没有同胞兄弟可以依靠。你要努力追求成为君子的途径，努力钻研，不要停止，谦虚谨慎，以成为有德之人。显勋的声誉来自同僚师友的帮助，高尚的德行根源于自己的志向。你如果有了成就，也使生你的父母感到荣耀，你可要深深记住啊！你可要深深记住啊！

评点

郑玄的这几句话，一派爱子之情，其意殷殷。望子成龙是每个家长的心愿，但你要记住，要像郑玄那样教育子孙：“德行立于己志。”成才固然可喜，立人更是正途。

003. 志当存高远

原文

夫志当存高远，慕先贤，绝情欲，弃凝滞，使庶几之志，揭然有所存，恻然有所感。忍屈伸，去细碎，广咨问，除嫌吝。虽有淹留，何损于美趣？何患于不济？若志不强毅，意不慷慨，徒碌碌滞于俗，默默束于情，永窜伏于凡庸，不免于下流矣。

解题

本篇选自诸葛亮《诫外甥书》。诸葛亮（181—234），三国时蜀国著名政治家、军事家。他隐居隆中，世称“卧龙”，后经刘备三顾茅庐，出山辅佐刘备，创建蜀汉。这则家训中，他详谈了立志的方法与无志的害处。

译文

为人立志当立高远之志，敬慕前代的贤人，弃绝不健康的情欲和不畅达的俗念，使接近圣贤的志向明确存于心中，并时刻注意力行。能屈能伸，抛弃杂念，广泛向他人学习，去除嫌隙与吝啬。这样做了，虽可能暂时不见用于当世，但也无损于自己的美好志向，并且以后必定会成功。如果立志不坚毅，立志不奋发，为世俗观念所牵制，为自己的感情所束缚，就只能永远甘于凡俗之中，不能登上大雅之堂。

诸葛先生在这里告诉我们：人贵立志，有志才能成功，而且志须强毅，否则必定流于凡俗。这段话本身就可以成为我们立志的座右铭，提醒我们：志存高远，行慕先贤。

004. 人无志非人也

人无志非人也，但君子用心所欲准行，自当量其善者，必拟议而后动。若志之所之，则口与心誓，守死无二，耻躬不逮，期于必济。若心疲体懈，或牵于外物，或累于内欲，不堪近患，不忍小情，则议于去就；议于去就，则二心交争；二心交争，则向所见役之情胜矣。或有中道而废，或有不成一篑而败之。以之守则不固，以之攻则怯弱；与之誓则多违，与之谋则善泄；临乐则肆情，处逸则极意。故虽繁花熠熠，无结秀之勋；终年之勤，无一旦之功。斯君子所以叹息也。

解题

本篇选自嵇康《家诫》。嵇康（224—263），三国时魏国文学家、思想家、音乐家，曾官中散大夫，也称“嵇中散”，为“竹林七贤”之一，与阮籍齐名，后因不满司马氏专权，被司马昭所杀。有《嵇中散集》传世。

译文

人如果没有志向，就不能被称为人。君子用心立志、笃行，应择善而行，必先选定志向，然后行动。如果立下志向，就要坚守誓言，至死不悔，一意躬行，必定达到目标。如果身心疲懈，或者被外部世界所牵累，或者被心中欲望所左右，不能忍受暂时的疾患，不能抑制屑碎的欲情，就会犹豫彷徨；犹豫彷徨，便会二心交争不定；二心不定就会导致立志之前的欲望取胜。有的人半途而废，有的人功亏一篑，最终都导致失败。用这样的人守城，就守卫不住；用这样的人进攻，就会胆怯；与这样的人盟誓，他就会违背誓言；与这样的人密谋，他就会轻易泄密；这样的人遇到享乐的时候，就会放纵感情；居于安逸之地就会随心所欲。因此，这样的人虽然是繁花耀目，但却不可能结果；虽然终年勤苦，却永远不可能成功。这就是君子为什么要为之叹息的缘故。

评点

人不患不立志，患立志不坚。常立志等于无志；唯常守志才可遂志。今天的青少年，尤应在此处下功夫。

005. 有志者当勉学以就业

原文

人生在世，会当有业：农民则计量耕稼，商贾则讨论货贿，工巧则致精器用，伎艺则沈思法术，武夫则惯习弓马，文士则讲议经书。多见士大夫耻涉农商，羞务工伎，射则不能穿札，笔则才记姓名，饱食醉酒，忽忽无事，以此销日，以此终年。或因家世余绪，得一阶半级，便自为足，全忘修学。及有吉凶大事，议论得失，蒙然张口，如坐云雾。公私宴集，谈古赋诗，塞默低头，欠伸而已。有识旁观，代其入地。何惜数年勤学，长受一生愧辱哉！

解题

本篇选自颜之推《颜氏家训·勉学》。颜之推（531—约591），南北朝时人，先为南朝梁湘东王萧绎文士，任职散骑侍郎，梁亡后辗转至北齐，为黄门侍郎。齐亡，为周御史上士，后以疾死。《颜氏家训》是中国古代影响最大的家训之作，有人称之为“篇篇药石，言言龟鉴，凡为人弟子者可家置一册，奉为明训”。

译文

人生在世上，都应有自己的职业：农民就要计量耕作稼穑，商人就要讨论货物买卖，工匠就要精制各色器物，艺人就要精研方技艺术，武将就要熟练弓刀骏马，文人就要讨论经籍诗书。常常能见到一些读书人，以参与农耕与经商为耻辱，又无工巧技艺的专长，射箭不能穿过甲革，文墨则只记得姓名，每天酒足饭饱，无所事事，浑浑噩噩，度日度年。有的人因祖先的余荫，得到了一官半职，便很知足，把勤学之事忘在脑后，待到出现吉凶大事，以及议论国事得失之时，便张口胡说，使人如在云雾之中；而各种公私宴会上，别人说古谈今，吟诗赋词，他则默然低头，伤神劳身，有见识的旁观者，都羞愧得恨不能替他钻到地下去。当时何苦要吝惜几年的勤奋学习，而使得如今受一生的愧辱呢！

评点

颜之推在这里将那些不学无术的人形容得十分形象，也挖苦得十分痛彻。这种人不仅古代有，今天也有，而且不在少数。但越是这样的人，越是一副博学态，夸夸其谈，颇能唬住一些人，但你要深入地和他探讨一点问题，他便免不了出乖露丑。比起文中的默然低头的先生，今天的无学问者的表现，似乎也算是一种“进步”吧！

006. 勿与世俗同得失忧喜

原文

凡人之穷达所遇，亦各有时尔，何独至于贤丈夫而反无其时哉？此非吾徒之所忧也。其所忧者何？畏吾之道未能到于古之人尔。其心既自以为到，且无谬，则吾何往而不得所乐？何必与夫时俗之人，同得失忧喜，而动于心乎？借如用汝之所知，分为十焉，用其九学圣人之道，而知其心，使有余以与时世进退俯仰，如可求也，则不啻富且贵也；如非吾力也，虽尽用其十，只益劳其心尔，安能有所得乎？

解题

本篇选自李翱《寄从弟正辞书》。李翱（772—836），唐代文学家、哲学家，曾官至山南东道节度使。他的思想追随韩愈，推崇儒家之道。他的从弟李正辞科举落第，他做书劝慰，表明自己对功名富贵的态度。

译文

人生的顺利或者坎坷，都不是永久的，不可能是贤能的人反而没有顺利的时候。这不是我们这样的人所应该忧虑的。应该忧虑什么呢？应害怕我们的仁义之道没有达到古人的境界才对。既然以为自己的心力已经到了，而且没有谬误，我们就没有什么值得悲戚的，不必与世俗之人同得失、共忧乐，甚至动摇了自己的心志。假如把你的心智分成十份，用其中之九学习圣人之道，察知圣人之心，而用余下的部分来随同时尚，入仕或者退隐，如能达到目的，那就是富贵。假如是我们的力量所不能达到的，虽然用了全部的力量，也只能是加倍劳心，不可能得到什么。

评点

“天生我材必有用”、唯求心到、唯求心安，这应是我们对待权力、金钱的正确态度。我们不应被一时的挫折、暂时的困难所阻碍，只要你去做了，“心到且无谬”，那么你终会成功的。

007. 千万努力，无弃斯须

原文

今汝等父母天地，兄弟成行，不于此时佩服诗书，以求荣达，其为人耶？其曰人耶？吾又以吾兄所识，易涉悔尤。汝等出入游从，亦宜切慎，吾诚不宜言及于此。吾生长京城，朋从不少，然而未尝识倡优之门，不曾于喧哗纵观，汝信之乎？吾终鲜姊妹，陆氏诸生，念之倍汝……汝因便录吾此书寄之，庶其自发，千万努力，无弃斯须。

解题

本篇选自元稹《诲侄等书》。元稹（779—831），唐代诗人，少年家贫，后任监察御史，官至同中书门下平章事（丞相）。在这封写给侄子们的家书中，他情深意切，教育他们要勤奋学习。

译文

现在你们的父母健在，兄弟成行，不在此时学习诗书，以求显荣发达，还能够成为一个人吗？还能够称为一个人吗？我还认为我哥哥交友不慎很容易造成悔恨。你们出入游玩也应该极其谨慎。我确实不应该谈到这些。我生在京城，长在京城，朋友部下不少，但是从来没有进过娼妓戏子的门，从来没有在繁华街道上放纵游荡，你们相信吗？我没有姐妹，陆家的诸位少年，我也十分想念，你可乘便把我的这封信抄下寄给他们，希望他们自己奋发，千万努力，不要空度片刻时光。

评点

在这段话之前，元稹还回顾了自己的苦学生涯，由此要子侄辈“千万努力，无弃斯须”，其意绵绵。今天许多年轻人轻易抛掷年华，据说在某些大学，有什么“麻（将）派”“游（旅游）派”，如此怎能学得知识？他们应该自问：“其为人耶？其曰人耶？”

008．金不砥砺，化为灰土

原文

金刚首五材，及为工人铸为器，复得首出利物。以刚质铓利，苟暂不砥砺，尚与铁无以异；况质柔铓钝，而又不能砥砺，当化为粪土耳，又安得与死铁伦齿耶？以此益知人之生于代，苟不病盲聋瘖哑，则五常之性全；性全，则豺狼燕雀亦云异矣。而或公然忘弃砺名砥行之道，反用狂言放情为事，蒙蒙外埃，积成垢恶，日不觉寤，以至于戕正性，贼天理，生前为造化剩物，殁复与灰土俱委，此岂不为辜负日月之光景耶？

解题

本篇选自舒元舆《贻诸弟砥石命》。舒元舆，唐宪宗元和年间进士，善文辞，斗奸恶，官至宰相，后因谋除弄权宦官，事败被杀。此家训以宝剑为例，说明人要不断砥砺自己的德行。

译文

金属的硬度在金、木、革、玉、土五材中是最硬的，待到被工人们铸成利器，又在锋利的器物中名列第一。宝剑剑身刚硬，剑锋锐利，可是如果一时不加磨砺，就与铁没有区别了；而如果是质软锋钝，而又不加磨砺的话，就同泥土一个样，又怎么能与铜铁相提并论呢？由此越发可知，人生于世，如果没有病盲聋哑，那么仁义礼智信五常之性就是全的。五性全了，就是豺狼燕雀的本性也可以改变的。如果公然抛弃磨炼自己、提高名节品德之道，沉迷于说大话，纵声色，那么点滴的尘埃，就会积成厚垢。如果仍不觉悟，以至于灭人性、伤天理，就会生前是社会渣滓，死后与垃圾同列，这岂不是辜负了大好的人生吗？

评点

读了此篇，不禁会使我们想起这样的话："一个人做点好事并不难，难的是一辈子做好事……"是的，宝剑锋从磨砺出，梅花香自苦寒来，只要我们不断地加强思想修养，扩大知识积累，一定会成为有益于人类的人。

009. 千里从师当奋然有为

原文

盖汝若好学，在家足可读书作文，讲明义理，不待远离膝下，千里从师。汝既不能如此，即是自不好学，已无可望之理。然今遣汝者，恐汝在家汩于俗务，不得专意；又父子之间，不欲昼夜督责；及无朋友闻见，故令汝一行。汝若到彼，能奋然勇为，力改故习，一味勤谨，则吾犹有望。不然，则徒劳费，只与在家一般；他日归来，又只是旧时伎俩人物。不知汝将何面目归见父母、亲戚、乡党、故旧耶？

念之，念之，“夙兴夜寐，无忝尔所生”。在此一行，千万努力。

解题

本篇选自朱熹《与长子受之》。朱熹（1130—1200），南宋著名哲学家、教育家，在经、史、文学上均有很高成就，是宋代理学的集大成者。受之，即朱熹长子朱在。在朱在千里投师之时，朱熹作此训诫。

译文

假如你喜欢学习，在家里就可读书作文，探求经义道理，不必远离父母，千里从师。既然你不能够这样做，就是你自己不好学，已经没有什么指望了。然而如今让你千里求师，是恐怕你在家里沉埋于家庭俗事，不能够专心学习；并且父子之间，我又不想昼夜督促你学习；另外家里也无朋友可以交流，故此令你出外求师。你到先生处，如果能够奋发努力，努力改掉旧习，全力去学习，那我还有些指望。如若不然，就只是白白花了学费，就同在家中一样了。那么，你在归家的时候，就仍然是同以前一样的人物，一样的学识，到了那个地步，你还有什么面目再见父母、亲戚、乡亲、故友呢？

千万记住，千万记住！日夕不忘，不要给生你养你的人带来耻辱。能否长进，在此一行，千万努力呀！

评点

从朱老先生的训诫看，这位受之公子当初在家里，学业完成得不怎么样。因此朱熹才狠下心来，把他送到千里之外去让别人课责教育他。结果他不负父望，学业有成，后来官至吏部侍郎。由此可知，父母爱子女，当为之计深远，让他们到外面去学习、工作、闯荡。把孩子捆在身边，对他们的成长是没有什么好处的。

010. 尽其心力，以全伦理

原文

人之所以异于禽兽者，伦理而已。何谓伦？父子、君臣、夫妇、长幼、朋友五者之伦序是也。何谓理？即父子有亲、君臣有义、夫妇有别、长幼有序、朋友有信，五者之天理是也。于伦理明而且尽，始得称为人之名。苟伦理一失，虽具人之性，其实与禽兽何异哉！……其或饱暖终日，无所用心；纵其耳目口鼻之欲，肆其四体百骸之安；耽嗜于非礼之声色臭味，沦溺于非礼之私欲宴安；身虽有人之形，行实禽兽之行，仰贻天地凝形赋理之羞，俯为父母流传一气之玷，将何以自立于世哉？

汝曹其勉之敬之，竭其心力，以全伦理，乃吾之志望也。

解题

本篇选自薛瑄《戒子书》。薛瑄（1392—1464），明代学者，官至礼部右侍郎，性刚直，曾因触怒宦官王振而下狱。谥文清。著作有《读书录》《薛文清集》。

译文

人之所以与禽兽不一样，是因为人有伦理。什么是伦呢？伦就是父子、君臣、夫妇、长幼、朋友五者的伦序；什么是理呢？理就是指父子有亲、君臣有义、夫妇有别、长幼有序、朋友有信这五种天理。明白伦理的含义，而且尽力去做，才可被称为人；假如失去伦理，虽然具有人的外形，其实与禽兽没有什么不同。……如果有人只是终日饱暖而已，无所用心；放纵耳目口鼻的欲望，肆意追求身体各部分的安适；沉醉于不合礼法的声色美味，深溺于不合礼法的私欲安宁；身体虽然有人的外形，行为其实是禽兽的行为，为天地创造他的形理留下羞耻，为父母传给他的精神元气留下玷污，这样的人将靠什么立于天地之间呢？你们要努力，要恭敬，要竭尽全力以完全伦理，这就是我的期望。

评点

今天不是封建时代了，因此封建时代的伦理纲常那一套于今天已不完全适用。但今天有今天的伦理，有今天的准则，其中心仍不出信义友爱的范围。若违背这一伦理准则，仍可以说这样的人无异于禽兽。

011．少不笃行，老悔何追

原文

位不若人，愧耻以求；行不合道，恬不加修。汝德之凉，侥幸高位，只为贱辱，畴汝之贵？孝悌乎家，义让乎乡，使汝无位，谁不汝臧？古人之学，修己而已，未至圣贤，终身不止。是以其道，硕大光明，化行邦国，万世作程。汝曷弗效，易自满足，无以过人，人宁汝服。及今尚少，不勇于为，迨其将老，虽悔何追！

解题

本篇选自方孝孺《家人箴》。方孝孺（1357—1402），明初大臣，人称正学先生，惠帝时为侍讲学士。燕王朱棣起兵攻入南京，他因为不肯为朱棣起草即位诏书被杀，灭十族（九族亲戚及其学生），受牵连而死者八百七十余人。

译文

自己的地位不如别人，却耻于去进取；自己的行为不合于大道，却恬然不加改正。你的德性不够高尚，侥幸取得高位，只会受到下贱人们的羞辱。谁会把你看得很高贵呢？你如果在家中力行孝悌，在乡里广施仁义，即使你当不上高官，又有谁会不说你的好呢？古人在学习上，只是为了修养自己的品德，没有成为圣贤之人，终身也不停止。所以他们所遵行的道理是正大光明的，这种道理可以广泛实行于地方和全国，千古万世都可作为典范。你不向他们学习，很容易便自满起来，自己没有过人之处，别人怎么会服你呢？你现在尚年少，如果不勇于力行，等到老的时候，便后悔莫及了。

评点

己不如人，自当努力进取，德不如人，自当完善自己。这中间，关键在于一个“行”字。勤勤恳恳、兢兢业业，笃志于学，笃志于行，自会有正大光明的心地在，自会有轰轰烈烈的事业在。当今青年人，在这方面尤应努力，夸夸其谈，终难有大成。

012. 壮不自强，老便伤悲

原文

惟古之人，既为圣贤，犹不敢息；嗟今之人，安于卑陋，自以为德。舒舒其学，肆肆其行，日月迈矣，将何成名？昔有未至，人闵汝少，壮不自强，忽其既耄。于乎汝乎，进乎止乎？天实望汝，云何而忍无闻以没齿乎！

解题

本篇选自方孝孺《家人箴》。方孝孺，见 011“少不笃行，老悔何追”。

译文

古时的人已经成为圣贤了，仍然不敢止息；可叹今天的人，却安于卑下鄙陋，自以为德高才俊，学习上不肯下功夫，具体行动上也是随随便便。时间消逝的可是很快啊，你将依靠什么来成名呢？从前有做得不够的地方，别人还会以你年幼而原谅你，壮年的时候还不自强，转眼就会变老的。在这个时候，你是要向前呢，还是停步不前呢？上天也在看着你，你为什么要甘心于默默无闻以至老死呢？

评点

少壮不努力，老大徒伤悲。这话人们已耳熟能详了。再读一下这则家训，所引起的感触当是相同的。

013. 作人要立决烈志，奋刚大气

原文

作人要立决烈志，奋刚大气，存中正心，养灵明性，调和平情，出典则言，行光明事，积博厚德，成悠远业，方做得个大人。

解题

本篇选自周怡《书示贵儿》。周怡，字顺之，明嘉靖十七年（1538）进士，授推官，寻擢吏科给事中。在朝以正直敢言著称，为此遭受廷杖，两次下狱，隆庆年间擢太常少卿。卒谥恭节。

译文

做人要立下决烈的志向，奋扬刚大的正气，留存中正的心念，颐养灵明的天性，调和和平的感情，言说符合典则的话语，力行光明的事情，积累博厚的德性，成就悠远的事业，这样才能成为一个真正的人。

评点

古人很重视做人的立志，其次便是修身养性，言必合经典，行必合礼义，积德成业。在今天，我们是否也应教育后代，“立决烈志，奋刚大气”呢？

014. 以天下事为己任

原文

范仲淹做秀才时，即以天下事为己任。况今南北告警，旱魃连年，天变人灾，四方迭见，当此之时，不可为无事矣！汝等不能出一言，道一策，以为朝廷国家，只知寻章摘句，雍容于礼度之间。答谓责任不在我。因循岁月，时至而不为，事失而胥溺，则汝平生之所学者，更亦何益！南方风气秀拔，岂无雄俊才杰之士邪！吾愿汝亲之敬之。其阿庸无识之徒，愿汝疏之远之。

解题

本篇选自沈炼《与子襄书》。沈炼（？—1557），明代人。他于嘉靖十七年（1538）中进士。为人刚直，嫉恶如仇，后被严嵩所害。严嵩倒台后，朝廷追赠他为光禄少卿。襄，指沈炼之子沈襄。

范仲淹做秀才的时候，就立志以天下事为己任。当今之世，南方和北方均很紧张，连年大旱不已，天灾人祸在全国各地屡有出现。在这样的时候，可不能说是平安无事啊！你们不能说一句话，献一个办法，以报效国家，却只知道寻章摘句，热衷于日常的礼法制度之类的事情。你可能回答说，责任不在于我。但是只知道混日子，时机来到而不奋发作为，事情做坏了又都执迷不悟，你们平生学习的东西又有什么用呢？南方风气俊秀挺拔，岂能没有雄俊才杰之士呢！我希望你要亲敬他们。那些平庸无知之徒，我希望你要远离他们。

沈炼先生个人忠直无私，又教育儿子向范仲淹学习，以天下事为己任，亲雄俊才杰之士，远阿庸无识之徒。火热刚肠，呼之欲出。今人以此精神教子，何患后代气不正，志不立耶！

015. 男子当奋发雄飞于两仪之间

儿年几弱冠，惜懦怯无为，世情毫不谙练，深为尔忧之。男子昂藏六尺于二仪间，不奋发雄飞而挺两翼，日淹岁月，逸居无教，与鸟兽何异？将来奈何为人？慎勿令亲者怜而仇者快！兢兢业业，无怠夙夜，临事须外明于理而内决于心。钻燧之火，可以续朝阳；挥翮之风，可以继屏翳。物固小而益大，人岂全无用哉？

解题

本篇选自徐媛《训子书》。徐媛，明人范允临之妻，当时颇有文名。在这篇写给儿子的家训中，她勉励儿子奋而立志，成就事业。

译文

孩子你已经快二十岁了，可还是怯懦无为，毫不熟悉世情，我很是为你担忧。男子汉以六尺之躯立于天地之间，不挺起双翼奋发雄飞，而是浪费光阴，游手好闲，无知无识，与鸟兽有什么区别？将来怎么做人？你可要谨慎啊，不要让亲人痛惜，仇人快意！你要兢兢业业，昼夜不舍地学习；遇到事情，必须明白道理，独立决定。钻木而获得的微小火星，可以接续朝阳的光芒；挥扇而带来的丝丝微风，可以继续天然的大风。很小的东西对大的东西都有帮助，何况是人，怎么会全无用处呢？

评点

古人对男子汉的要求甚为严格。女子可以无才，但男子必须以修身齐家治国平天下为己任。这固然有封建味道，但强调男子汉要奋发雄飞成就事业，总是无大错的。读读徐媛对儿子的训诫，我们不可以悟出些什么吗？作为男人，固应“临事须外明于理而内决于心”，大可不必为些微小事而斤斤计较，做出些小儿女举动。

016. 勿愦愦于衷，勿朦朦于志

司业当凝神伫思，戢足纳心，骛精于千仞之巅，游心于八极之表；浚发于巧心，摅藻为春华。应事以精，不畏不成形；造物以神，不患不为器。能尽我道而听天命，庶不愧于父母妻子矣！循此，则终身不堕沦落。尚勉之励之，以我言为箴，勿愦愦于衷，勿朦朦于志。

本篇选自徐媛《训子书》。徐媛，见 015“男子当奋发雄飞于两仪之间”。

钻研学问应当聚精会神，足不出户，专心进取，吸收前人的精华，精心探测世界的知识，融会贯通，疏通开发自己的心智，抒发胸臆，写出如华的词章。精心钻研，不怕无收获；全力为学，不怕不成才。你能听从我说的道理而服从命运的召唤，才不会愧对父母妻子！照此去做，你才不会沦于下贱之人。努力吧，奋斗吧！把我的话作为规诫自己的箴言，不要心中昏乱不安，不要在志向上还是朦胧不明。

且不谈为全人类做些什么，只要想到不辜负父母妻子的殷殷厚望，一个人也应努力学习、工作。如此，方不虚人世一行！

017. 人贵立志，磨砺益坚

原文

凡人必先立志。志不先立，一生通是虚浮，如何可以任得事？老当益壮，贫且益坚，是立志之说也。

盘根错节，可以验我之才；波流风靡，可以验我之操；艰难险阻，可以验我之思；震撼折冲，可以验我之力；含垢忍辱，可以验我之量。

人常咬得菜根，即百事可做。骄养太过的，好看不中用。

解题

本篇选自姚舜牧《药言》。姚舜牧，明代人，曾为江西广昌县令、全州知府，是当时的理学大师，有《四书五经疑问》《史纲要领》等书行世。所作的《药言》后世赞为“本经书之语，立济世之方”，“简洁明快，切中膏肓”。

译文

但凡为人，必须先立志。不先立志，一生都是飘浮不定的，还能够做什么事？老当益壮，穷且益坚，就是立志的意思。

事情复杂，可以考验我的才能；风气日下，可以考验我的德操；艰难险阻，可以考验我的思想；面折廷争，可以考验我的勇气；含垢忍辱，可以考验我的度量。

人能吃得苦，就百事能成。娇生惯养的，好看不中用。

评点

这几句不必评点什么了。人须立志，志需磨砺，不惧吃苦，方成大器。青少年应谨记！

018．竹帛青史，岂可让人

原文

争目前之事，则忘远大之图；深儿女之怀，便短英雄之气。

才能知耻，即是上进。

男儿七尺，自有用处；生死寿夭，亦自为之。

少年作迟暮经营，异日决无成就。

竹帛青史，岂可让人。

解题

本篇选自明人吴麟征《家诫要言》。吴麟征，明代大臣，卒谥忠节。家诫以格言形式条列，本篇按主题采摘，缕为成段。

译文

计较目前的小事，就会忘记远大的宏图；缠绵儿女之感情，就会减弱英雄的豪气。

开始知道耻辱，就是上进的发端。

男儿七尺之躯，自有用武之地；生死寿夭，也都是自己造成的。

少年时像老年人一样生活，将来决不会有多大成就。

能在青史留名，自当努力向前。

评点

寥寥数语，可作教子格言。少年立志，方有远大前程。为今之世，争眼前之利、图一时之快者比比皆是。这样的人还能有什么大的抱负呢？

019．玩物丧志，即为身家之蠹

原文

子弟立身，非惟颠狂灭义、淫纵伤生当刻骨痛戒，即嗜好之偏，如广交延誉，避事耽闲，溺琴棋，聚宝玩，购字画，乐歌舞，此当丧志之具。彼自谓放达清流，岂知其为身家之蠹哉。

解题

本篇选自庞尚鹏《庞氏家训》。庞尚鹏，明代大臣、文学家。嘉靖三十二年（1553）中进士，历官知县、御史、右佥都御史，有政绩，有正声。《庞氏家训》语言朴实、恳切，语气严厉，为后人所称道。

译文

家中子弟为人在世，不仅应当刻骨痛戒颠狂灭义、淫纵伤生这类的恶行，一些不良的嗜好，比如交游广泛、延揽声誉、逃避责任、安于闲散、沉溺琴棋、集聚宝玩、购买字画、喜欢歌舞之类，也应加以戒除。这些都是败坏志向的东西。他们自己认为这些是性情放达，行近清流，哪里知道这些都是蛀身坏家的蛀虫呢？

这里提到的不良表现，主要是当时相对于读书明经、学儒仕进而言的。今天，有许多古人认为是“玩物丧志”的行为已成为品味高雅的活动，这当然是可以从事的，但即使如此，也应以读好书为基础，以崇高志向砥砺，否则就是不好的习惯。

020．人须要立志

人须要立志。幼时立志为君子，后来多有变为小人的。若初时不先立下一个定志，则中无定向，便无所不为，便为天下之小人，众人皆贱恶你。你发愤立志要作个君子，便不拘作官不作官，人人都敬重你。故吾要你第一先立起志来。

本篇选自杨继盛《谕应尾、应箕两儿》。杨继盛（1516—1555），明代大臣。他是嘉靖二十六年（1547）进士，官至刑部员外郎，改兵部武选司，因上书劾严嵩十大罪状，被打下狱，受尽酷刑，三年后被杀。后谥忠愍。他就义前草此家训，教两个儿子以做人行己的准则和居家理事之道，很受后人推重。

译文

人必须要立志。幼年时立志要成为君子的，后来却有很多成为小人。如果少年时不先立下一个明确的志向，心中便没有明确的方向，就会无所不为，就会成为天下的小人，遭受众人的贱恶。你们如果发愤立志，要做君子，那么不管你做不做官，人人都会敬重你。故此，我要你第一先立起志气来。

评点

俗语云，人无志不立。此其谓也。

021. 日月易逝，斯言常当猛省

原文

年富力强，却涣散精神，肆应于外。多事无益妨有益，将岁月虚过，才情浪掷。及至晓得收拾精神，近里着己时，而年力向衰，途长日暮，已不堪发愤有为矣。回而思之，真可痛哭！

汝等虽在少年，日月易逝，斯言常当猛省。

解题

本篇选自毛先舒《与子侄书》。毛先舒（1620—1688），清初文字学家、文学家。与毛奇龄、毛际可齐名，时称“浙中三毛、文中三豪”。《与子侄书》是他写给晚辈、希望他们抓紧时间学习的信。

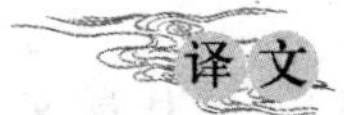

在年富力强的时候，却分散自己的精力，去大肆从事各种应酬。无益的事做得多了，必然会对有益的事造成妨害，势必会虚度岁月，浪费才情。等到懂得集中精力，加强学习与修养、充实自己时，年纪和身体都已经变衰老了，路途漫长，却日落西山，已经不可能有什么作为了。回头想想，真是只余痛哭啊！

你们虽然还年轻，但日月易逝这句话，还是应当常常记在心中。

发愤当于年少时。待发白朱颜衰，再来努力，悔之已晚。学者甘苦之言，真可令少年猛省。

022. 儿辈少壮，正好学问

儿辈少壮，正好学问。……吾既名士，犹名为工为农，农不耒耜，工不利作器用，失其业矣，前还书相诫，谓渠辈恒进锐退速，作止不常，要士于学须如餐饭，日有常数，假设因病绝粒，病止须次饮食，未有因病废食，则岂可因事废学？况面墙倚壁，旋复过日，侪辈谈谑，了了昏旦，甚不可也。

本篇选自魏禧《寄兄弟书》。魏禧（1624—1681），清代散文家，明亡后他决心不仕，隐居翠微峰勺庭，世称“勺庭先生”。他与兄魏际瑞、弟魏礼并以文名著称，号“宁都三魏”。

儿辈正值年少，正好钻研学问。……我等既然被称为士，就应像工农一样，农民不从事耕作，工匠不从事自己本业，就是失职。前些日子回信曾提过，孩子们在学习上经常是进步很快，退步也很快，学习起居都无规律。学习于士而言，就像吃饭一样，每日应是固定的。假如因病不能吃饭，则病好后即应逐渐恢复进食。没有因为生病而不吃饭的，怎可因为杂事而停止学习？何况靠着墙壁，一无所见，匆匆度日，同辈们谈谈笑笑，了却一天光阴，这是绝对不可以的。

今天的很多大学生就犯了这里所说的毛病，忘记主业，荒废时日。希望他们闻此言警醒，努力学习，循序渐进，最终学有所成。

023．聪明当用于正

汝资性略聪明，能晓事。夫聪明当用于正，亲师取

友，迸归一路，则为圣贤，为豪杰，事半而功倍。若用于不正，则适足以长傲，饰非助恶，归于杀身而败名。不然，即用于无益事，小若了了，稍长，锋颖消亡，一事无成，终归废物而已。

解题

本篇选自魏禧《寄儿子世侃书》。魏禧，见 022“儿辈少壮，正好学问”。此信是他去世前一年写给儿子的。

译文

你的天资还是比较聪明的，也能够明白事理。聪明如果用在正路上，敬爱老师，慎择朋友，专心致志，就会成圣贤，成为豪杰，事半功倍。如果没有用到正路上，就会被用来增加傲气，粉饰过错，帮助恶人，最后归于身败名裂。如果把聪明用到无益的事情上，小的时候看起来很聪明，稍长大一些，所有长处都会消失掉，一事无成，最后变为废物。

评点

往往有这种情况，本有希望成为对人类有大贡献的人，因为误用了他的聪明，而成为一个十恶不赦的罪人，如宋朝的秦桧、明朝的严嵩皆是。所以，我们教育子孙，首先要教育他们聪明当用于正。不然，将来他们或成罪人，或成废物，长辈岂不悔恨终身。

024．为人当具大识见

原文

吾家子弟，最宜常勖以立大规模，具大识见。不可沾沾然贪目前，安卑近。朱子云天下事坏于懒与私，最切今之弊。懒则不肯勤励，学殖荒而志气亦坠；私则至亲间尚分畛域、有利心，尚望其有器识，有所建立哉？

解题

本篇选自蔡世远《寄示长儿》。蔡世远，清康熙时进士，官至礼部尚书，谥文勤。

译文

我们家的子弟，应该以做大事业、有大见识的要求来鼓励他们，不可贪图眼前的安逸，安于目下的处境。朱子说：天下的事情，都坏在懒和私两个字上。这话最切合今天的时弊。懒惰就不肯勤苦自励，就会荒废学业，降低志气；自私就会在至亲中间也分你我、寻利益。这样的人还能希望其有器量见识、做大事吗？

评点

教育子女，主要的是要教他们立大志、树雄心，立志做对国家、对人民有用的人。至于让孩子做大官，挣大钱，格调就低了许多。而鼓励孩子培植懒心、私心，就更非父母所当为了。

025．一味因循，大误终身

原文

后生家每临事，辄曰：“吾不会做。”此大谬也！凡事做则会，不做安能会耶？做一事，辄曰：“且待明日。”此亦大谬也！凡事要做则做，若一味因循，大误终身。家鹤滩先生有《明日歌》最妙，附记于此：

明日复明日，明日何其多！

我生待明日，万事成蹉跎。

世人若被明日累，春去秋来老将至。

朝看水东流，暮看日西坠。

百年明日能几何？请君听我《明日歌》。

解题

本篇选自钱咏《训后生》。钱咏（1759—1844），清代文学家、书画家。著有《履园丛话》，内容涉及面极广，内有不少训诫子孙的格言，本句即出其中。

译文

小孩子家碰到事情，常常说：“我不会做。”这话大错！凡事做才能会，不做怎么能会呢？还有，做一件事时，又常说：“等明天再做。”这话也大错！凡事要做就立即做，如果一味地敷衍拖延，就会大大误了自己的终身。本家钱鹤滩先生有《明日歌》写得最妙，附记在这里：

明日复明日，明日何其多！
我生待明日，万事成蹉跎。
世人若被明日累，春去秋来老将至。
朝看水东流，暮看日西坠。
百年明日能几何？请君听我《明日歌》。

评点

“凡事做则会”，“凡事要做则做”。这是我们应该教给子孙的信条。要教育他们努力实践，掌握知识，只争朝夕。《明日歌》明白晓畅，说理清楚，可以做儿歌教给儿孙。

026. 读书只在立志真

原文

观四弟来信甚详，其奋发自励之志，溢于行间。然必欲找馆出外，此何意也？不过谓家塾离家太近，容易耽搁，不如出外较清净耳。然出外从师，则无甚耽搁；若出外教书，其耽搁更甚于家塾矣。且苟能奋发自立，则家塾可读书，即旷野之地、热闹之场亦可读书，负薪牧豕，皆可读书；苟不能奋发自立，则家塾不宜读书，即清净之乡、神仙之境皆不能读书。何必择地？何必择时？但自问立志之真不真耳！

解题

本篇选自曾国藩道光二十二年（1842）十月二十六日《致澄弟温弟沅弟季弟》。曾国藩（1811—1872），清朝大臣、湘军首领，也是近代著名作家。他是道光十八年（1838）进士，官至两江总督、武英殿大学士，晋封一等侯，谥文正，近现代很多名家都很推崇曾国藩的学问。书信中的澄弟指曾国潢，温弟指曾国华，沅弟指曾国荃，季弟指曾国葆。此篇中的“四弟”指族中排行第四的曾国潢。

译文

看四弟的来信极为认真，他的发奋自励的志向，洋溢在字里行间。但一定要出外找个学馆是什么意思呢？不过是因为家塾离家太近，容易耽搁，不如到外面去比较清净吧！但如果是出外求师，就不会有什么耽搁；如果是出外教书，就会比家塾要更受耽搁。况且假如能够奋发自立，不仅家塾中能够读书，即使是旷野之地、热闹场所，也可以读书，背柴放猪，皆可读书；如果不能发奋自立，那么不仅家塾不能读书，就是清净之乡、神仙之境也不能读书。何必要挑选地点呢？何必要挑选时间呢？只要自问自己立志真不真就可以了。

评点

常有人埋怨，由于自己周围环境不好，由于自己年岁太小，由于有人打扰，由于工作太忙……而没有学习好。其实这些都是托词，要害在于你是否真正发奋学习，你是否把学习作为提高自己、服务社会的最有效途径。如果是这样，你就会把学习作为自己人生的第一需要，你就会有长足的进步。

027. 君子忧天下不忧个人

原文

君子之立志也，有民胞物与之量，有内圣外王之业，而后不忝于父母之所生，不愧为天地之完人。故其为忧也，以不如舜不如周公为忧也，以德不修学不讲为忧也。是故顽民梗化则忧之，蛮夷猾夏则忧之，小人在位贤才否闭则忧之，匹夫匹妇不被己泽则忧之，所谓悲天命而悯人穷。此君子之所忧也。若夫一体之屈伸，一家之饥饱，世俗之荣辱得失、贵贱毁誉，君子固不暇忧及此也。

解题

本篇选自曾国藩道光二十二年（1842）十月二十六日《致澄弟温弟沅弟季弟》。曾国藩，见 026“读书只在立志真”。

译文

道德高尚的人立志，应该是有包容天下的气量、有圣贤的心胸、有帝王的宏业，这样才无愧于生养自己的父母，才不愧为天地间的完人。故此他们以自己不如尧舜、不如周公为忧，以没有美好的品德、渊博的学识为忧。因此，他们为民众不能接受教化而担忧，为野蛮的民族习俗而担忧，为小人掌权、贤才受压而担忧，为普通百姓没有受到自己的德泽而担忧，这就是所谓的“悲天命”与“悯人穷”。这是有道德的君子所应担忧的。至于个人的能否得志，一家之饥饱，世俗之人的荣辱得失、贵贱毁誉，君子是没有时间来担忧这些的。

评点

“先天下之忧而忧，后天下之乐而乐。”这是宋代政治家范仲淹的名言。在历史上，曾国藩和范仲淹所起的作用是不一样的。在个人修养上，曾国藩还是很有见地的，在这段话中，他提出的忧乐观，代表了一种中华民族源远流长的传统美德，这就是立志为天下，不为个人忧。

028．人能立志，圣贤可成

原文

人苟能自立志，则圣贤豪杰何事不可为？何必借助于人！“我欲仁，斯仁至矣”。我欲为孔孟，则日夜孜孜，唯孔孟之是学，人谁得而御我哉？若自己不立志，则虽日与尧舜禹汤同住，亦彼自彼，我自我矣，何与于我哉？

解题

本篇选自曾国藩道光二十四年（1844）九月十九日《致澄弟温弟沅弟季弟》。曾国藩，见 026“读书只在立志真”。

译文

一个人如果能够自己立志，就会成为圣贤豪杰，就什么事情都能成功，何必借助于他人呢！“我欲仁，斯仁至矣。”我想要成为孔子和孟子那样的人，就会日夜努力不息，学习孔子和孟子的思想和行为，还有谁能干扰我呢？如果自己不立志，即使每天与尧、舜、禹、商汤这几个有名的圣贤住在一起，也只能是他是他、我是我，对我又有什么益处呢？

评点

一个人能否上进、能否努力学习，关键在于内因，关键在于自己是否立志。立志不坚，即使学校再有名、家长再督促、老师再辅导，也没有什么用处。这一点应对孩子讲清楚。

029．立志为先，勤俭为本

原文

切不可忘却先世之艰难，有福不可享尽，有势不可使尽。勤字功夫，第一贵早起，第二贵有恒；俭字功夫，第一莫着华丽衣服，第二莫多用仆婢雇工。凡将相无种，圣贤豪杰亦无种，只要人肯立志，都可以做得到的。侄等处最顺之境，当最富之年，明年又从最贤之师，但须立定志向，何事不可成？何人不可作？愿吾侄早勉之也。

解题

本篇选自曾国藩同治二年（1863）十二月十四日《谕纪瑞》。曾国藩，见026“读书只在立志真”。纪瑞为曾国藩之侄。

切记不可忘记祖先创业的艰难，有福不可享尽，有势不可使尽。勤字上的功夫，第一贵早起，第二贵有恒心；俭字上的功夫，第一不要穿华丽的衣服，第二不要多使用奴仆雇工。所有的帝王将相、圣贤豪杰都不是天生的，一个人只要肯立志，就什么都可以做得到。侄儿你正处于最顺利的境况，正当最富年华的时候，明年又会向最贤明的老师学习，只要立足志向，什么事情做不成？什么样的人做不成？愿侄儿早加自勉。

人无志不立。只要立志，并不怕千难万险，循此做去，终会有所成就。当然，我们今天的一代，不可能成为帝王将相，大多数也难以成为圣贤豪杰。但即使是一个最普通的劳动者，也须有坚定的志向，否则，也可能是不合格的。

030．勉图上进，为家族光

侄今年将十六矣！成丁之岁，当知所以自立之道。若一味倚赖父兄叔伯，鲜衣怒马，驰骋街衢，无知者羡焉，识者则非笑之矣！侄为儿时，吾曾以方字授侄，琅琅上口，于是知侄之姿质甚佳，其勉图上进，为家族光。

解题

本篇选自胡林翼《致雄侄书》。胡林翼（1812—1861），清末将领。他是道光十六年（1836）进士，历官至湖北巡抚。在任整顿吏治，政绩颇佳。在其侄胡雄即将成年时，他以长者之尊，写信加以训导，期望殷切，溢于言表。

译文

侄子你今年就快要十六岁了，在成年之时，应当掌握自立之道。如果一味依赖父兄叔伯，穿着色彩鲜艳的衣服，骑着健壮神骏的马匹，驰骋在城乡的大路上，无知的人会很羡慕，但有见识的人则要讥笑你了！你小的时候，我曾经教你认字，你读的琅琅上口，当时我就知道你的天资很好，你要努力上进，为家族增光。

评点

为人父母，教育孩子既要严峻郑重，又要恳切委婉，如同胡林翼这里的家训一样。你看他，先提出要求，又加以鼓励，望其成才之意表露得情真意切。此法值得今人学习。

031. 读书作人，先要立志

原文

读书作人，先要立志。想古来圣贤豪杰是我者般年纪时，是何气象？是何学问？是何才干？我现在哪一件可以比他？想父母命我读书，延师训课，是何志愿？是何意思？我哪一件可以对父母？看同时一辈人，父母常背后夸赞者，是何好样？斥詈者，是何坏样？好样要学，坏样断不可学。心中要想个明白，立定主意，念念要学好，事事要学好，自己坏样一概猛省猛改，断不许少有回护，不可因循苟且。务期与古时圣贤豪杰少小时志气一般，方可慰父母之心，免被他人耻笑。志患不立，尤患不坚。偶然听一段好话，听一件好事，亦知歆动羡慕，当时亦说我要与他一样，不过几日几时，此念就不知如何销歇去了。此是尔志不坚，还由不能立志之故。如果一心向上，有何事业不能作成？

解题

本篇选自左宗棠《致孝威、孝宽》。左宗棠（1812—1885），晚清大臣，道光时举人，1860 年随曾国藩办军务，后历任巡抚、总督、钦差大臣（督办新疆军务）、军机大臣，卒谥文襄。他曾镇压过太平军，又出兵新疆，击败俄、英帝国主义侵略军，后兴办洋务。孝威、孝宽均为他的儿子。

译文

读书和做人都先要立志。要想古往今来的圣贤豪杰，在我这个年纪时是个什么样子？有什么学问？有什么才干？我现在哪一样可以比得上他？要想想父母让我读书，请来老师教育我，有什么愿望？是什么意思？我哪一件可以对得起父母？看一下同辈人，父母在背后常夸奖的是个什么好样？被斥责者是个什么坏样？好样的要学，坏样的坚决不能学。心中要想个明白，打定主意，每一个念头都要学好，每一件事情都要学好。自己的坏毛病要全部知错猛改，坚决不许有一点姑息，不可敷衍拖拉。务必立与古时圣贤豪杰小时候一样的志气，才可以宽慰父母之心，不被别人耻笑。志就怕不立，更怕立志不坚。偶然听了一段好话，听说一件好事，也知心里羡慕，当时也说要与他一样，然而没过几天，这个念头就不知跑到哪里去了。这是你们立志不坚定，根本原因还在不能立志。如果一心向上，就什么事业都能做成。

情真意切，全可拿来教你子孙。

气节编

032. 金真玉粹，乃能尽而不污

习之所变亦大矣，岂唯蒸性染身，乃将移智易虑。……是以古人慎所与处。唯夫金真玉粹者，乃能尽而不污尔。故曰："丹可灭而不能使无赤，石可毁而不可使无坚。"苟无丹石之性，必慎浸染之由。

解题

本篇选自颜延年《庭诰》。颜延年（384—456），南朝宋诗人，少孤贫，好读书。及长，性格激直，文章出众，诗与谢灵运齐名。《庭诰》是他晚年以书面文字教育子孙的文章，对以后各代的家训有很大影响。

译文

习俗对人的改变是很大的，不光是能使人染上坏毛病，甚至能改变人的思考方式，使智者变愚。……所以古人对于居住环境的选择是很慎重的。唯有真正的真金纯玉，才能不受环境的影响。因此说，朱砂可以毁掉，但不能使它不红；玉石可碎，但不能使它无坚硬之名。人如果没有丹石那样的品性，在善恶习染的影响上更应慎重。

评点

古语说："与善人居，如入芷兰之室，久而不知其芬；与不善人居，如入鲍鱼之肆，久而不知其臭。”也是说要重视择人而处。可以说，我们绝大多数人都不具丹石之性，因此慎择友、处善境应该是完善自己的好途径。

033. 生不可不惜，不可苟惜

原文

夫生不可不惜，不可苟惜。涉险畏之途，干祸难之事，贪欲以伤生，谗慝而致死，此君子之所惜哉；行诚孝而见贼，履仁义而得罪，丧身以全家，泯躯而济国，君子不咎也。

解题

本篇选自颜之推《颜氏家训·养生》。颜之推，见005“有志者当勉学以就业”。

译文

生命不可不珍惜，但也不可吝惜。进入艰险恐惧的地方，干致祸招难的事情，因贪图色欲而伤害性命，因被人陷害而致死，这都是君子为之可惜的；因行忠孝之事而被杀，因实践仁义之道而获罪，牺牲自己以保全全家，个人捐躯以帮助国家，这都是君子为之不惜生命的。

评点

裴多菲诗“生命诚可贵，爱情价更高。若为自由故，二者皆可抛”同本句的意思接近。生命是美好的，应该珍爱，不应为无谓的事情来戕害生命；但当祖国、人民、亲人需要你做出牺牲的时刻，你就不应该吝惜生命，而要挺身而出，杀身以成仁。

034．不得以有学之贫贱，比于无学之富贵

原文

夫命之穷达，犹金玉木石也；修以学艺，犹磨莹雕刻也。金玉之磨莹，自美其矿璞，木石之段块，自丑其雕刻；安可言木石之雕刻，乃胜金玉之矿璞哉？不得以有学之贫贱，比于无学之富贵也。且负甲为兵，咋笔为吏，身死名灭者如牛毛，角立杰出者如芝草；握素披黄，吟道咏德，苦辛无益者如日蚀，逸乐名利者如秋荼，岂得同年而语矣。且又闻之：生而知之者上，学而知之者次。所以学者，欲其多知明达耳。必有天才，拔群出类，为将则暗于孙武、吴起同术，执政则悬得管仲、子产之教，虽未读书，吾亦谓之学矣。今子即不能然，不师古之踪迹，犹蒙被而卧耳。

解题

本篇选自颜之推《颜氏家训·勉学》。颜之推见005“有志者当勉学以就业”。

译文

命运的窘迫与顺利，就像金玉木石一样；以学问来改变命运，

就如同磨砺光亮金玉，是使其本身的质量更加美好。正由于单独的木头与石头比较丑陋，所以才需雕刻；怎么能够说加以雕刻后的木石，会比未加磨砺的金玉更加美好呢？不能够拿有学问者的贫贱，来同无学问者的富贵相比较。况且普通的士兵和小吏，身死名灭的像牛毛一样多，而真正特立杰出的人却如灵芝仙草一样少；手握书卷、谈论道法、甘于辛苦贫穷的人少之又少，而贪图名利者多之又多，二者哪里能够同日而语呢？而且我还听说：生而知之者上、学而知之者次。之所以需要学习，就是为了增加知识、明白道理啊！如果真有这样出类拔萃的天才，作为将帅，能够具备孙武、吴起那样的奇谋；作为卿相，则能够推行管仲、子产那样的教化，他虽然没有读过书，我也认为他是有学问的人。今天既然你们不能做到那样，又不学习古人的经验与知识，那你们就会如同蒙被而卧一样，一无所知。

我们不能否定实践在成才过程中的作用。比如古代的许多名将、名臣就是起于行伍和小吏之中的。但更不能否认，如果在从事某种行业之前，已经具备了较多的知识，并且在工作中还能够加意学习，努力提高，那么，你的进步会更快。

035．正不可不守

正可守，不可不守。吾去岁中言事得罪，又不能逆

道徇时，为千古罪人也。虽贬居远方，终身不耻。绪汝等当须会吾之志，不可不守也！

解题

本篇选自颜真卿《与绪汝书》。颜真卿（708—784），唐朝大臣，著名书法家。他于玄宗开元年间中进士，身经玄宗、肃宗、代宗、德宗四朝，先后四次遭排斥，后被叛将李希烈所杀。他立身正直，仗义执言，嫉恶如仇，世称颜鲁公。这里所收的是他遭贬至外地后给儿子的书信。

译文

为人应该守正不阿。我去年因上疏言事获罪，又不能违背道义，迎合世俗，成为千古罪人。虽然被贬，居于远方，但我至死也不以为耻辱。你们要明白我的志向，正不可不守。

评点

寥寥数十字，刚正不阿之性跃然纸上，真可做千古正直者的排头之人！

036. 砥石之命，以警儿辈

原文

欲尔辈定持刚质，昼夜淬厉，使尘埃不得间发而入。为吾守固穷之节，慎临财之苟，积习肄之业；上不贻庭帏忧，次不贻手足病，下不贻心意愧。欲三者不贻，只在尔砥之而已，不关他人。……然吾固尔辈常置砥于左右，造次颠沛，必于是思之，亦古人韦张铭座之义也。因书为砥石命，以警尔辈，兼刻辞于其侧曰：剑之锷，砥之而光；人之名，砥之而扬。砥乎砥乎，为吾之师乎！仲兮季兮，无坠吾命乎！

解题

本篇选自舒元舆《贻诸弟砥石命》。舒元舆，见008“金不砥砺，化为灰土”。

译文

希望你们坚定地保持刚正的质量，昼夜加以淬炼和砥砺，不给尘埃的入侵留下一点间隙。希望你们为我守定固穷的节操，在财富面前谨慎，坚持努力学习。不让父母担忧，不让弟兄担忧，不使自己愧心。能不能做到这三点，全在你们自己的磨砥，与他人无关。……我希望你们常常把磨石放在身边，急迫艰难的时候，先从磨石上去想，古人的自诫和座右铭的意义就在此，我因此做砥石之命，以警策你们，同时还在砥石旁刻下这样的话：剑的锋，经磨才光；人的名，经磨才扬。磨石磨石，我的老师啊！二弟三弟，可不要忘记我的话啊！

评点

无论何时何地，只有自己持正质坚，才能无染尘埃，才可上不使父母担忧，中不使弟兄招祸，下不为子孙遗羞。要达到这一境界，只在砥之而已。不仅是普通人，即使是品德很好的人，也要“砥名砺行”，这样才能不断强化自己，成就高风亮节，立身万世。

037. 戒无堕家风

原文

呜呼！仕而至公卿，命也；退而为农，亦命也。若夫挠节以求贵，市道以营利，吾家之所深耻。子孙戒之，尚无堕厥初。

解题

本篇选自陆游《放翁家训·序》。陆游（1125—1210），南宋诗人。绍兴中应礼部试第一。曾官至宝章阁待制。他的诗以收复中原、反对投降为主题，雄浑豪放。其《家训》为他四十四岁闲居山阴时而作。

译文

啊！做官当到三公九卿，是命运决定的；不做官而务农，也是命运所定。如果以卑躬屈节来求取富贵，以出卖道义来获取利益，是我家世代引以为耻辱的。子孙们要记住这一点，千万不要败坏了陆家的家风。

评点

说为官为民都是命中注定，当然是不对的。但不以“挠节”“市道”求取名利，则是应该提倡的。在这方面，长辈自己要做表率。试想，自己挖门钻营、拍马逢迎、寡廉鲜耻、不讲信义，还能教育好子女吗？这样，想不败坏家风，办得到吗？父辈们，可要为子女带个好头啊！

038. 为人当以贫富贵贱为末

夫事有本末，知贤愚不肖者本，贫富贵贱者末也。得其本，则末随；趋其末，则本末俱废，此理之必然也。今行孝悌，本仁义，则为贤为知。贤知之人，众所尊仰。箪瓢为奉，陋巷为居，己固有以自乐，而人不敢以贫贱而轻之。岂非得其本，而末自随之？夫慕爵位，贪财利，则非贤非知。非贤非知之人，人所鄙贱。虽纡青紫，怀金玉，其胸襟未必通晓义理。己无以自乐，而人亦莫不鄙贱之。岂非趋其末，而本末俱废乎？

解 题

本篇选自陆九韶《居家正本制用篇》。陆九韶，南宋学者，终身隐居不仕，讲学梭山，号梭山居士。他与弟弟陆九龄、陆九渊并称“三陆子之学”。著有《梭山文集》。

事情有本末之分，知道愚贤不肖就是本，而贫富贵贱只是末。得到本，末会随之而至；奔向末，就会本末俱丢。这是理所当然的。如果遵行孝悌之道，以仁义为本，就是贤，就是知。贤而有知的人，大家都会尊重敬仰。以竹筐盛饭，以瓢装水，奉养双亲，居住在僻巷陋室，自己固然会自得其乐，别人也不会因为你贫贱而轻视你。这岂不是得到本，而末也随之而来吗？羡慕爵位，贪图财富，就是不贤不知。不贤而无知的人，就要受到别人的鄙贱。这样的人即使是做高官、发大财，心里却未必知道礼义之道。自己无法以此自得其乐，别人也没有不轻贱他的。这岂不是求其末，而连本带末都丢掉了吗？

评点

古人尚且明白“知愚贤不肖为本，贫富贵贱为末”，今人更应该通晓这个道理。教育孩子，务应让子女知道道理，有道德、有理想，并为之奋斗。如果只知做买卖，挣大钱，斤斤计较眼前小利，不肯为众人之事牺牲一点利益，则虽腰缠万贯，终为俗人一个。此理不可不明。

039. 刚直之气，必不下沉

原文

此去冥路，吾心皓然；刚直之气，必不下沉。儿无可虑！世乱时艰，努力自护。幽明虽异，宁不见尔！

解题

本篇选自韩玉《临终遗子书》。韩玉，金朝大臣、文学家。金明昌五年（1194）进士，历官至河西军节度副使。后被人诬陷下狱而死。此信即其死前与儿子诀别之作。

译文

在踏上死路之前，我心中清白坦荡；刚直之气，永远长存。

我儿不必担心！当今乱世，时事艰难，要努力保全自己。阴间和阳世虽然不同，但我也会看着你的！

人生在世，气节第一。虽然可能居人之下，活得艰难，但三寸气不可不存。

040. 言恒患不能信，行恒患不能善

言恒患不能信，行恒患不能善，学恒患不能正，虑恒患不能远；改过患不能勇，临事患不能辨；制义患乎巽懦，御人患乎刚褊。汝之所患岂特此耶？夫焉可以不勉！

本篇选自方孝孺《家人箴》。方孝孺，见 011“少不笃行，老悔何追”。

译文

说话应经常担忧不能履行，做事应经常担忧不能完美，学习应经常担忧不能持正，虑事应经常担忧不能长远；改正错误就怕不能勇敢，事到临头就怕不能明辨；掌握道义就怕退让怯懦，领导别人就怕急躁褊狭。你所应担忧的岂止只有这些呢？怎么可以不努力呢？

评点

方孝孺教育家人在各种场合下应该忧虑的倾向，具有普遍意义。我们也应该深刻自省，看看自己应该在哪些地方加以忧虑，经常这样心存戒惧，才可能谨于言而慎于行，才可以成为一个高尚的人，一个受人爱戴的人。

041．从古圣贤，皆是以身借人

原文

从古圣贤，皆是以身借人。子果有是，更当勉力多为，无前进后退。只要认得理真，力所可为，虽天下非之而不顾；即害之所在，虽千万人吾往矣，切莫因人言而终止也。是嘱，是嘱！

解题

本篇选自李际阳母《遗子弟书》。李际阳，明代人，事迹不详。

译文

古往今来，圣贤都是把自身贡献给他人。你要是有这个志向，就更要努力去做，不要犹豫彷徨。只要你认为哪件事是应做的，个人的能力又能做到，尽管天下人都认为是错的，也不要管他；而如果是恶害之地，虽然那里有千万人，也要义无反顾地离去，不要因为他人的话而终止。我就要嘱咐你这一点！

评点

李际阳的母亲是封建时代的家庭妇女，但她对儿子的教诲，确为识见高远。君不信，“只要认得理真，力所可为，虽天下非之而不顾”，这话今天有几人能说得出？铮言高风，可钦可敬！

042．见好事便行，见不好事便戒

原文

读书见一件好事，则便思量吾将来必定要行；见一件不好的事，则便思量吾将来必定要戒。见一个好人，则思量吾将来必定要合他一般；见一不好的人，则思量吾将来甚休要学他。则心地自然光明正大，行事自然不会苟且，便为天下第一等人矣。

解题

本篇选自杨继盛《谕应尾、应箕两儿》。杨继盛，见020“人须要立志”。

译文

读书中发现一件好事，就要思量我将来也必然要做；发现一件不好的事，就要思量我将来一定不要做。见到一个好人，就要思量我将来一定要像他一样；见到一个不好的人，就要思量我将来不要学他。这样下去，心地自然光明正大，做事自然不会马虎苟且，就会成为一个很高尚的人。

评点

孔子说："见贤思齐焉，见不肖而内自省也。"这段话也是这个意思。众小善积累多了，必成大善。只要你心存向上之志，处处留心，学习做好人，你将来定会成为好人，不然，则滑向恶俗了。

043．做人当如处子防身

原文

做官，当如将军对敌；做人，当如处子防身。将军失机，则一败涂地；处子失节，则万事瓦裂。慎之哉！

解题

本篇选自朱吾弼《示弟书》。朱吾弼，明代大臣，万历十九年（1591）进士，历官至南京太仆寺卿。在写给弟弟的信中，他告诫弟弟，做官做人都要小心谨慎。

译文

做官要像将军与敌人对阵那样机智，做人要像处女保护自己的贞操那样谨慎。将军失去战机，就会一败涂地；处女失去贞操，就会身名俱败。可要谨慎啊！

评点

这里的比喻是十分有意思的。即使在比较开放的今天，未婚处女因不自重而失去贞操，仍被看成是耻辱的。这是中国人十分注重的名节思想。为官为人如果能像将军把握战机和处女维护贞操一样，来保持自己的操守，应该会成为一个高尚的人。

044．亲正远奸，大要在敬之一字

原文

凡居家不可无亲友之辅。然正人君子，多落落难合，而侧媚小人，常倒在人怀，易相亲狎。识见未定者遇此辈，即倾心腹任之，略无尔我，却不知其探取者悉得也，其所追求者无厌也，稍有不惬，即将汝阴私攻发于他人矣。名节身家，丧坏不小，孰若亲正人之为有俾哉。然亲正远奸，大要在敬之一字。敬则正人君子谓尊己而乐与，彼小人则望望而去耳。不恶而严，舍此更无他法。

解题

本篇选自姚舜牧《药言》。姚舜牧，见 017“人贵立志，磨砺益坚”。

译文

居家生活，不可没有亲友帮助。但是正人君子，多是落落寡合，而邪媚小人却易于结交。没有见识的人碰上这样的小人，马上便倾心结纳，无分你我，却不知人家所要打探的东西已经全部得到了。这些小人所追求的东西是没有限度的，稍有不满意的地方，马上就会将你的隐私暴露给他人，对你的名节身家，会带来莫大的损害。这哪里比得上亲近正直之人对你的帮助呢？亲近正人，远离奸人，主要在于“敬”字。你对正人君子敬，他就会因你尊敬他而乐于与你结交，小人也会因此而不情愿地离去。不引起小人的嫉恶而严律自己之行，除此之外，没有其他办法。

交友贵知心。朋友交好得速，交恶亦快。历经磨难，而后友谊方可历久弥坚。朋友之间也应处之以敬，处之以诚。互不尊重，互相看不起，当面称兄道弟，背后互相拆台，不是真正的朋友。

045．清白之家，当以家声为要

世称清白之家，匪苟焉而可承者，谓其行己唯事乎布素，教家克尚乎俭约，而交游一本乎道义。凡声色货利，非礼之干，稍有玷于家声者，戒勿趋之；凡孝友廉节，当为之事，大有关于家声者，竞则从之。而长幼尊卑聚会时，又互相规诲，各求无忝于贤者之后，是为真清白耳。

本篇选自姚舜牧《药言》。姚舜牧，见 017“人贵立志，磨砺益坚”。

世代以清白著称的人家，认真相承的家规，不外乎自我不事铺张，教家本于节俭，交游遵行道义。凡是声色货利，不合于礼，稍有玷污家声的，严戒不趋于前；凡孝友廉节，当做之事，对家声大大有光之事，都竞相去做。在长幼尊卑聚会的时候，还要互相规劝，各求无愧于贤人之后代，这才是真正的清白。

评点

考察历史，不难发现，有的人家代有才俊之人出现。细加考察，这里的一个重要原因是他们的家教在起作用，他们的家族声名在感召一代又一代人奋发努力。树立家声不易，保持家声更难。

046. 不执不阿，是为中道

阿谀从人可羞，刚愎自用可恶，不执不阿，是为中道。寻常不见得，能立于波流风靡之中，是为雅操。

人要方得圆得，而方圆中却又有时宜，在《易》论圆神方知，亦以易贡二字最妙。变易以贡，是为方圆之时。棱角峭厉非方也，和光同尘非圆也，而固执不通非易也，要认得明白。

解题

本篇选自姚舜牧《药言》。姚舜牧，见017“人贵立志，磨砺益坚”。

译文

勉强曲意迎合别人可羞；刚愎自用、自以为是可恶。不固执，不阿谀才是合于常理。平常之时表现不出来，能在洪流狂风中独立，才是真正的雅操。

人要能方能圆，而方圆中又要合于时宜。《周易》中谈到圆神方知，又以“易贡”二字最妙。变“易”为“贡”，才是方圆之时。峭直严厉不是方，随波逐流不是圆，固执不通不是易，这些要看明白。

评点

正直刚烈固是应该赞扬的，但也应随时间地点的不同有所变通。该变通的时候，仍固执自傲，就会带来不良后果。但圆不是圆滑，应该是有原则的圆。违背原则，曲意奉承，在关键时刻、在原则问题上放弃主见，阿附别人，是最可自羞的。

047．应知好学，更重人品

原文

学者，心之白日也。不知好学，即好仁好智、好信好直、好勇好刚，亦皆有弊也，况于他好乎！做到老，学到老，此心自光明正大，过人远矣。

世间极占地位的，是读书一著，然读书占地位，在人品上，不在势位上。

本篇选自姚舜牧《药言》。姚舜牧，见 017“人贵立志，磨砺益坚”。

勤学，能使人心地明理。不知好学，即使是好仁好智、好信好直、好勇好刚，也都总有不足，何论喜好其他！做到老，学到老，心中自然光明正大，见识过人。

人世间极占地位的事情是读书，但是读书占地位是在人品上，而不是在势力地位上。

所谓德才兼俱，不可偏废，是说空负仁德之名，而无才能将其普施天下、郡国、单位、家庭，其德也是无益；而以才名天下，人品恶极，或服务于恶势力，亦不免留下千古骂名。

048. 财物不以善得，亦不以善去

田地财物，得之不以义，其子孙必不能享。古人造

“钱”字，一金二戈，盖言利少而害多，旁有劫夺之祸。其聚也，未必皆以善得之，故其散也，奔溃四出，亦岂能以善去，殃其身及其子孙。“多藏必厚亡”，老子之名言，信矣。人生福禄自有定分，惟择其理之所当为、力之所能为者，尽其在我，俟命于天。此心知足，虽疏食菜羹，终身有余乐；苟不知分量，曲意求盈，虽欺天罔人而不顾，有不颠覆者乎？若能勉给岁月，不以饥寒遗子孙，此身之外，皆为长物，何自苦为！

解题

本篇选自庞尚鹏《庞氏家训》。庞尚鹏，见019“玩物丧志，即为身家之蠹”。

译文

土地财物，以不义手段得来，其子孙必定不能享用。古人造“钱”字，有一个“金”，两支“戈”，似乎是说钱利少害多，旁边就有劫夺之祸。钱财的集聚，未必都是以正当手段完成的，因此它的消散，也将是顷刻溃没，不可能正常散去，不仅殃坏自身，而且要连累到子孙。“多藏必厚亡”，这是老子的名言。确实是这样的啊！人生的福与禄都是一定的，唯有选择那些按道理应当做、自身力量又能做的事情去做，尽力在我，听命于天。自己的内心满足了，尽管是粗食蔬菜，也是终身有余乐；假如不知分量，曲意求满，不顾欺骗苍天和世人，这样还有不倒台的吗？如果能够年月有给，应付家用，不把饥寒遗留给子孙，那么除本身之外，其余都是多余的东西，何必自找苦吃呢？

评点

“人生福禄自有定分”“尽其在我，俟命于天”当然是没有道理的。我们应该尽力改变自己的生存环境和生活条件，使自己富裕起来。但我们同时也要记住：致富以善途，靠劳动和智慧致富，就会受用不尽；反之，巧取豪夺，欺骗坑诈，难免会碰上钱旁的“双戈”，那时悔之晚矣！

049. 义所当为，虽孟贲不能夺

原文

处身固以谦退为贵，若事当勇往而畏缩深藏，则非丈夫而妇人矣。古人言若不出口，身若不胜衣，及义所当为，虽孟贲不能夺，此以义为尚者也。事有权衡，其审图之。

解题

本篇选自庞尚鹏《庞氏家训》。庞尚鹏，见 019“玩物丧志，即为身家之蠹”。

译文

立身处世固然应以谦虚为贵，但如果有需勇往直前的时候，却畏畏缩缩，不肯上前，那他就不是大丈夫，而变成妇女了。古人十分崇尚谦退之道，但如果有义所当为的事，就是如孟贲那样的勇士也不能阻止他们。这是以道义为最高尚的人。事情都有轻重之权，缓急之衡，各人都要自己加以仔细考虑。

评点

又可以回到老话，如果事关国家、命系安危，自当勇敢上前。一事当前，是否需要谦退，主要还要看事情的性质。一个人在国家、大众需要时能够勇敢向前，在名利、荣誉面前抽身后退，他就是个高尚的人。

050．惟勉勉以求益，非汲汲于知名

原文

人必求其胜己，言不畏乎逆心；恒自反其才之所不及，而无讳其之所不能；以谦为基，以厚为城；宽为之居，坦为之行；无以爱憎败其德，无以智诈汩其灵；惟勉勉以求益，非汲汲于知名。夫是为之造小子而成大人！

解题

本篇选自彭士望《示儿婿书》。彭士望（1609—1683），晚明文学家。曾入史可法幕府，后隐居翠微山，躬耕自给，明亡后以讲学为生。

译文

日常待人，要看到别人胜过自己之处，不要畏惧别人的话与自己的心愿相违；要经常反思自己才德所欠缺的方面，更不要讳言自己能力所达不到的事情；以谦虚作为治学的根基，以积累学

问的深厚作为自己的城池；对人对事常存宽厚之心，一言一行务求坦诚；不要任意发泄爱憎之情，以免败坏自己的德行，也不要玩弄机巧计谋，以免迷乱自己的心灵；只应努力地充实自己的才德，不必孜孜以求于虚假的知名。只有这样，才能成长为一个有才德的人。

评点

求学也好，做人也好，都应谦虚宽厚，不急功近利，不追求虚名，这样才能有所成就。这段家训对于那些负气争胜的人，很有教育意义。

051．道以人重，事在人为

原文

道以人重，事在人为。果使砥行植品，积学多才，彼印累而绶若者，未尝不礼貌加之，腹心倚之；若不检于行，不忠于事，骨肉尚难取信，衾影亦觉怀惭，无怪朝下榻而暮割席也。予游食四十余年，兢兢以此自勖。今将归去，因汝尚知自好，故走笔及之，尤望汝终身行之。

解题

本篇选自许葭村《示恬园侄》。许葭村，清代人。他的书信文辞生动，曲尽情理，辑成《沈水轩尺牍》，被称为旧时书信的典范。在给侄子的书信中，他告诫侄子要砥砺品行，努力进取。

道以人重，事在人为。果真能砥砺品行，博学多才，那些高官厚禄者必然会对你礼貌相待，倚为心腹；而如果品行不端，不忠其事，亲属都不能信任，独处也觉惭愧，就无怪别人早上相交，晚上就要绝交了。我在外做事四十余年，小心谨慎地以这个道理勉励自己。现在要还乡了，因为你平时还知自爱，因此在信中谈及此点，望你终身照此去做。

评点

这里谈到了我与人的关系问题，并指出“道以人重，事在人为”。其中心在于：努力加强自己，以真本事去获得人家的承认，舍此没有其他途径。

052. 贫不足忧，义不受怜

士穷见节义，古人有三旬九食者，贫亦何害？余成童时学为诗，有“丈夫当自立，不受世人怜”之句，及二十而孤，家益贫，衣食于奔走，但不乞怜于人，而人亦无有怜之者。余惟以碌碌终身，不能自立为愧。吾侄当求其气以自立者，贫不足为忧，且断不可忧焉。

本篇选自龚未斋《答甘林书》。龚未斋，清代人，所著《雪

鸿轩尺牍》为旧时书信范本。甘林是他的侄子，他在信中勉励侄子奋发图强。

贫富，才可见出读书人的节义。古人有三十天才吃九顿饭的，贫穷又有什么妨害？我少年时学习写诗，曾有“丈夫当自立，不受世人怜”的诗句，等到二十岁的时候成为孤儿，家里更加贫穷，只好为了吃穿而忙碌，但也从不向别人乞怜，也没有人来怜惜我。……我唯一感到惭愧的是无所作为地度过一生，不能自立。你要追求自立的本领，贫穷不值得忧虑，并且万万不可为贫穷而忧虑。

置于贫地始能发愤，置于死地而后得生，讲的是在不利的境地始能奋力拼搏，改善自己的境遇。这是强者的哲学。反之，为贫所忧，乞怜于人，必坠大志，必无大成。

053. 坚毅卓立，足敌强暴

强凌弱，众暴寡，势利之天下，岂自今日始？惟有坚毅卓立之精神足敌之。从古跻帝王卿相之尊者，有是精神；为圣贤豪杰者，有是精神。临难不畏，逢敌不惧，故能不卑不亢而成大事业。

解题

本篇选自彭玉麟《谕子书》。彭玉麟（1816—1890），晚清大臣，湘军将领。先助曾国藩创办湘军水师，后为水师提督，1883年任兵部尚书，赴广东办理军务，后以病辞官，卒于家。

译文

以强凌弱，以众欺寡，天下人追求势利，哪里是从今天才开始呢？惟有具备坚毅卓立的精神，才可与这种势利世情相敌。古往今来，登上帝王卿相尊位的人，有此精神；成为圣贤豪杰的人，有此精神。临难不畏，逢敌不惧，才能不卑不亢，成就大事业。

评点

这里有一个中心，就是坚毅卓立。何谓坚毅卓立？就是意志坚定，独立不群。无论何时何地，只要我们认定自己所坚持的是正确的，就要勉力坚持，不为外界所动。临难不畏，遇敌不惧，才能成就大事业。

054．天地间刚柔不可偏废

原文

近来入世稍深，觉天地间刚柔不可偏废：太刚则易折，太柔则易靡。刚非暴戾恣睢之谓也，强矫可已；柔非卑弱懦下之谓也，谦退可已。创家业则刚，乐守成则柔；与名公巨卿论国事则刚，与兄弟父子论享受则柔。

若名已立而功已成，广置田园，大兴土木，劳工而疲财，乃自满之象，非谦退之道也。其业易隳，其名易裂，非吾所乐闻也。

本篇选自彭玉麟《谕子书》。彭玉麟，见 053“坚毅卓立，足敌强暴”。

近来对世事了解得多了，觉得天地之间刚和柔不可偏废：太刚则易折，太柔则易倒。刚，不是说要凶狠残暴，任意放纵，应该是刚强；柔，也不是要卑微软弱，懦怯低下，应该是谦退。创家业时须刚，守成时则须柔；与名人大官讨论国事时须刚，与兄弟父子谈论享受则须柔。假如名已立、功已成，便广置田园，大兴土木，劳动工匠，花费钱财，这其实是自满的表现，不是谦退之道。其功业易毁坏，其名声易崩裂，这不是我愿意听到的。

入世未深之人，多以刚直相尚。其实，做人做事应该是当刚则刚，当柔则柔，不可偏废。

055. 知耻则不忧

行己有耻，对无耻而言也；狷者有所不为，对无所

不为者而言也。贤不贤之分，岂相远哉！夫无所不为，正是其无耻处。故孔孟每提一“耻”字，以激励人之所用耻，则不及人不为忧矣。

解题

本篇选自孙奇逢《孝友堂家训》。孙奇逢（1584—1675），明清之际学者。明亡隐居不仕，与黄宗羲、李颙并称三大儒，世称夏峰先生。《孝友堂家训》是他教育儿孙们的话，由其子辑录成书。

译文

在个人的行动中知道耻辱，是相对于无耻而言的；清高的人有所不为，是相对于无所不为而言的。贤与不贤的区别，并不是很遥远的啊！一个人无所不为，正是他无耻的所在。故此孔子和孟子经常提到“耻”字，用来激励他人知道什么是耻辱。这样就不会为自己比不上别人而担忧了。

评点

古语说，知耻而后勇。有了错误、缺点不要紧，只要你知道它带给你的耻辱，你就会以此为鉴，奋起自强，终会有一番成就。怕就怕不以为耻，反沾沾自喜：“瞧瞧我……”这样，只怕愈来愈走下坡路，最终沦为无耻者。这岂不令人扼腕。

056. 风波之来，先问有愧无愧

原文

风波之来，固自不幸，然要先论有愧无愧。如果无愧，何难坦衷当之。此等世界，骨脆胆薄，一日立脚不得。尔等从未涉世，作好男子，须经磨炼。生于忧患，死于安乐，千古不易之理也。孟浪不可，一味愁闷，何济于事？患难有患难之道，自得二字，正在此时理会。

解题

本篇选自孙奇逢《孝友堂家训》。孙奇逢，见 055“知耻则不忧”。

译文

风波袭击，固然不幸，但要先想想自身有愧与否。如果心中无愧，坦荡对待，就没有什么困难。现在这个世界，骨脆胆小，一天都站不住脚。你们从未进入社会，要做个好男儿，就要经过磨炼。生于忧患，死于安乐，这是千古不变的道理。不可随随便便，而一味愁闷也解决不了什么问题。患难之时有患难之时的处世之道，“自得”两个字正好在此时实践。

评点

这段话中有几句值得深思，如“风波之来，要先论有愧无愧”“生于忧患，死于安乐”“好男子须经磨炼”等。字字语重心长。在我们碰到流言、诬陷、围攻时，是否也应照此去做？“如果无愧，何难坦衷当之”！

057. 刚柔互用，不可偏废

原文

从古帝王将相，无人不由自主自强作出。即为圣贤者，亦各有自主自强之道，故能独立不惧，确乎不拔。……近来见得天地之道，刚柔互用，不可偏废，太柔则靡，太刚则折。刚非暴虐之谓也，强矫而已；柔非卑弱之谓也，谦退而已。趋事赴公，则当强矫；争名逐利，则当谦退。开创家业，则当强矫；守成安乐，则当谦退。出与人物应接，则当强矫；入与妻孥享受，则当谦退。若一面建功立业，外享大名，一面求田问舍，内图富贵，二者皆有盈满之象，全无谦退之意，则断不能久。

解题

本篇选自曾国藩同治元年（1862）五月二十八日《致沅弟季弟》。曾国藩，见 026“读书只在立志真”。

译文

自古以来的帝王将相，没有不从自立自强做起的。即使是圣贤之人，也各有自己的自立自强之道，因此才能独立无畏，坚韧不拔。……近年来体会天地变化之道，需刚柔并用，不可偏废，过分柔弱就容易倒伏，过分刚直则容易折断。刚，不是暴虐，而是要勉力自强；柔，不是卑弱，而是谦虚退让。干事业、赴国难，就应该勉力自强；争名利、逐富贵，就应该谦虚退让。开创家业，就应该勉力自强；安守家业，就应该谦虚退让。在外与他人应酬结交，就应该勉力自强；在家中与妻子儿女享受生活，则应该谦虚退让。如果一面在外建功立业，享有大名，一面买房置地，追求富贵，二者都有满盈的表现，却一点也没有谦虚退让的意思，是绝对不会长久的。

这里谈到刚与柔的关系，也值得今人借鉴。一味刚直自强，不知转圜，就会碰到无数钉子；而一味忍让柔顺，也不能成什么大事。要点在于，为国、为事业应刚强不息，为家、为自己则应谦退一点，看开一些。

修身编

058. 改过为贵

原文

年少多失，改之为贵。蘧伯玉年五十，见四十九年非，但能改之。不可不思吾言。不克自责，反云："张甲谤我，李乙悉我，我无是过。"尔亦已矣！

解题

本篇选自张奂的《诫兄子书》。张奂（104—181），东汉名将，官至护匈奴中郎将，战功显赫。灵帝时拜少府，迁大司农，转太常，后因党锢事件去职。信中他告诫侄子张仲祉，有过改之为贵，不可文过饰非。

译文

年轻人多犯过失，能改正则可称赞。孔子的学生蘧伯玉在五十岁的时候，发现四十九年的错误，仍能改正。不可不深思我的话。不能自己责备自己，反而说什么："张甲是在诽谤我。李乙知道我，我没有那种错误。"这样的话，你就完了。

评点

生活中有不少这样的人，自己有了错误，不思自责，不思改悔，却东拉西扯，推卸责任。这不是对待错误的正确态度。要记住，有过"改之为贵"，反之，文过饰非，"尔亦已矣"！

059. 饰面勿忘修心

原文

夫心犹首面也，是以甚致饰焉。面一旦不修饰，则尘垢秽之；心一朝不思善，则邪恶入之。人咸知饰其面而莫修其心，惑矣！夫面之不饰，愚者谓之丑；心之不修，贤者谓之恶。愚者谓之丑犹可，贤者谓之恶将何容焉？故览照拭面，则思其心之洁也；傅脂，则思其心之和也；加粉，则思其心之鲜也；泽发，则思其心之润也；用栉，则思其心之理也；立髻，则思其心之正也；摄鬓，则思其心之整也。

解题

本篇选自蔡邕的《女诫》。蔡邕（133—192），东汉文学家、书法家。灵帝时为议郎，因上书获罪，免官流放。董卓专权时复为祭酒，迁中郎将。卓被诛后，受牵连下狱，病死狱中。其女即蔡文姬，亦为文学家，所写《胡笳十八拍》为诗中名作。

译文

人的心灵也像脸面一样，也应加以修饰美化。脸面一天不修饰，就会污脏；心一朝不向善，邪恶就会侵入。一般的人只知修饰脸面，而不去美化心灵，这是大错特错了。脸面不修饰，愚人称为丑；心灵不修饰，贤人称为恶。被愚人称为丑没什么关系，被贤人称为恶还怎样立于世上呢？因此，对着镜子修饰面孔时，就应想自己的心是否清洁；擦抹胭脂，就应想心灵是否诚和；擦粉之际，就应想心灵是否有生气；在头发上抹油时，就应想心灵是否润实；用篦梳头，就应想心灵是否有条理；梳起发髻，则应想心是否立得正；修饰鬓发，就应想心灵是否合于规范。

评点

只修饰表面，不注意心灵的人，我们见得多了。衣冠楚楚、珠光宝气之下，往往是粗陋的谈吐、无知的灵魂。愿这些人在揽镜画眉、修饰头面之时，更多地想一下自己的心。否则，发展下去，真快无地自容了。

060. 芝草无根，醴泉无源

原文

造求小姓，足使生子，天福其人，不在旧族。扬雄之才，非出孔氏之门。芝草无根，醴泉无源。家圣受禅，父顽母嚚。

解题

本篇选自虞翻《与弟书》。虞翻（164—233），汉末经学家，曾为《周易》《论语》《老子》作注。他的儿子成人后，他写信给弟弟，委托他为儿子娶妻。信中提出不必看重门第的思想。

译文

向一般的人家求亲，能使他生儿子就可以了。苍天要是福佑谁，是不在乎他是不是世家大族的。像扬雄那样有才能的人，并不是出生于孔氏家族中。仙祥的芝草是无根的，淳甜的醴泉也没有另外的水源。我们虞家的圣贤虞舜受禅为帝，可他的父亲和母亲却极是愚蠢、顽固。

评点

儿女结亲，固为大事，重门当户对、非同一层次的人不娶不嫁，却是极不明智的，须知“芝草无根”，关键是后天的培养和自己的努力。

061．不爱尺璧而爱寸阴

原文

人之居世，忽去便过。日月可爱也，故禹不爱尺璧而爱寸阴。时过不可还，若年大不可少也。欲汝早之，未必读书，并学作人……行止与人，务在饶之。言思乃出，行详乃动。皆用情实道理，违斯败矣。父欲令子善，惟不能杀身，其余无惜也。

解题

本篇选自王修的《诫子书》。王修，汉末三国时人，曾官至魏大司农奉常令。曹操曾称赞他“澡身浴德，流声本州，忠能成绩，为世美谈，名实相副，过人甚远”。

译文

人生活在世界上，是很容易变老的。时光是可爱的，所以大禹不爱尺璧而爱惜寸阴。时间过去就再也不会回来了，如同成年之后再也不会年少。我希望你早到求学之地，不光要学读书，还要学习做人。……与人交往，务求宽恕。话要认真想过才说，行动要详细考虑才做。一切都要注意人情道理，违背这一点，你就一事无成。为父希望你向善，除了不能杀身，其他是什么都不吝惜的。

评点

上面的几句话，王修先是教儿子珍惜光阴，然后教儿子待人接物尽力向善，爱子之情，溢于言表。今天的父母，直接用这些话教育子女，当是教子正途。

062．孝敬仁义，百行之首

原文

夫为人子之道，莫大于宝身、全行以显父母。此三者人知其善，而或危身破家，陷于灭亡之祸者，何也？由所祖习非其道也。夫孝敬仁义，百行之首，行之而立身之本也。孝敬则宗族安之，仁义则乡党重之。此行成于内，名著于外者矣。人若不笃于至行，而背本逐末，以陷浮华焉，以成朋党焉。浮华则有虚伪之累，朋党则有彼此之患。

解题

本篇选自王昶的《家戒》。王昶（？—259），三国时魏国大臣，曾官至司空，死后谥“穆侯”。他从政几十年，从未受过贬责，可知他的处世哲学是成功的。

译文

作为人子的原则，最重要的是珍重自己的身体，行为不出差错，成名立世显扬父母。人人都知这三点重要，却为什么有人家破人亡呢？是因为他们奉行的不是正道的缘故。孝敬仁义是各种行为中最重要的，实行了它，方为立身的根本。孝敬则宗族安定，仁义则乡里尊重。孝敬仁义从家族乡里做起，产生的影响就会远播在外。人如果不致力于孝敬仁义，而追求细枝末节，就会陷于浮华，就会形成朋党。浮华就会犯虚伪的过失，朋党就会因彼此牵连而造成灾祸。

评点

今天还要不要孝敬仁义？恐怕还是应该要。试想一个人不孝敬父母，不友爱邻里，怎么会成为一个对人类有用的人？

063．知足者常足

原文

夫富贵声名，人情所乐，而君子或得而不处，何也？恶不由其道耳。患人知进而不知退，知欲而不知足，故有困辱之累，悔吝之咎。语曰："如不知足，则失所欲。"故知足之足，常足矣。览往事之成败，察将来之吉凶，未有干名要利、欲而不厌，而能保世持家、永全福禄者也。

本篇选自王昶《家戒》。王昶，见062"孝敬仁义，百行之首"。

富贵声名，是人人所喜好的，可君子有时却得到而不能长久。为什么呢？是由于不是正途得来的。人如只知前进而不知后退，只知欲求而不知自足，就会有困辱的危险，就会有悔恨终生的灾祸。古语说："如不知足，则失所欲。"故此，知足者才可常足。通过往事的成败，可以察知将来的吉凶。求名求利没有厌足的人，没有一个能保持家业、永全福禄的。

确实，"知足者常乐"。今天，我们对待个人名利、待遇享受，不妨想得淡一些。个人的名利想得太多，难免会做出出格的事，那时悔之晚矣！

064. 君子恶速成

夫物速成则疾亡，晚就则善终。朝华之草，夕而零落；松柏之茂，隆寒不衰。是以大雅君子恶速成，戒阙

党也……夫人有善鲜不自伐，有能者寡不自矜。伐则掩人，矜则陵人。掩人者人亦掩之，陵人者人亦陵之。……夫能屈以为伸，让以为得，弱以为强，鲜不遂矣。

解题

本篇选自王昶《家戒》。王昶，见 062“孝敬仁义，百行之首”。

译文

凡事成功的快，败亡也快；成功的迟，则能致善终。早上开出鲜艳花朵的花草，到晚上就凋落了；而松柏那样的树木，即使是寒冬也不枯衰。因此才德高尚的君子都厌恶过快成名，并深刻检讨自己的过失。……一般说来，人有了善举，很少有不自夸的；能力强的，很少有不自负的。自夸，就贬低了他人；自负，就易去欺凌他人。贬低他人的，别人也贬低你；欺凌他人的，也要被别人欺凌。……能以屈为伸，以让为得，以弱为强，就没有什么做不成的事情。

评点

“物速成则疾亡，晚就则善终”，确是至理名言。顺利的状况下，不思谨慎，难免遭祸，以至败亡。这点不能不认真对待。

065. 闻人毁己，当默而自修

原文

人或毁己，当退而求之自身。若己有可毁之行，则彼言当矣；若己无可毁之行，则彼言妄矣。当则无怨于彼，妄则无害于身，又何反报焉？且闻人毁己而忿者，恶丑声之加人也，人报者滋甚，不如默而自修己也。

本篇选自王昶《家戒》。王昶，见 062“孝敬仁义，百行之首”。

有人说自己的坏话，应当从自己的身上去找原因。如果自己有可供诋毁的行为，人家说的就是对的；如果自己没有可供诋毁的行为，那他人的话就是妄语。别人说得对，就不应埋怨别人；别人说了假话，对自己也没有什么害处，又何必去追究呢？况且，听到别人诋毁自己而感到激愤，以恶声厉语反唇相讥，就会招来更厉害得多的报复，不如默默反省自己的心行。

评点

生活中往往有这样的人，听到别人有对自己不好的议论，便暴跳如雷，不惜反唇相讥，甚至大打出手。劝这些人读读这几句话，还是先想一下自己吧：我有没有“可毁之行”？

066．信德孝悌让为立身之本

高柴泣血三年，夫子谓之愚；闵子除丧出见，援琴切切而哀，仲尼谓之孝。故哭泣之哀，日月降杀；饮食之宜，自有制度。夫言行可覆，信之至也；推美引过，德之至也；扬名显亲，孝之至也；兄弟怡怡，宗族欣欣，悌之至也；临财，莫过于让。此五者，立身之本，颜子所以为命。未之思也，夫何远之有？

解题

本篇选自王祥《训子孙遗令》。王祥（185—269），魏晋时大臣，晋武帝时官至太保。他事亲至孝，《二十四孝》中的“卧冰求鲤”就是写他的。这条家训中，他告诫子孙要以德信孝悌让为立身之本，不要搞隆葬守孝那一套。

译文

高柴守丧三年，眼睛哭出了血，孔子说他愚；闵子守丧期间，脱下孝服，出门见客弹琴，孔子却说他孝。所以，哭泣的哀痛，能使日月黯然，而守丧时的饮食，也自古已有定制。言行可以互相印征，才算是信；把成绩让给别人，勇于承担过失，才算是德；个人成名，使亲族荣显，才算是孝；兄弟和睦，亲族兴旺，才算是悌；面对钱财，最好是谦让不取。这五个方面，才是立身的根本。颜子正以此五点著称。不在这些方面下功夫，（光靠厚葬）是不会使声名流传久远的。

评点

人之生死，是自然常理。作为子孙后代，不应在丧葬上铺张浪费，大肆挥霍。只有在个人修养的信、德、孝、悌、让五点上下功夫，才能成为流芳百世的人。王祥的话，对于今天的隆葬习俗，更具有发聩震聋的作用。

067. 恬漠为体，宽愉为器

原文

喜怒者有性所不能无，常起于褊量，而止于弘识。然喜过则不重，怒过则不威，能以恬漠为体，宽愉为器，则为美矣。大喜荡心，微抑则定；甚怒烦性，小忍即歇。故动无愆容，举无失度，则物将自悬，人将自止。

解题

本篇选自颜延年《庭诰》。颜延年，见 032“金真玉粹，乃能尽而不污”。

译文

凡是人都有喜怒之性。喜怒一般都产生于器量狭小，而止于弘知高识。然而，过喜则不能庄重，过怒则不能威严，最好是能以安静恬淡为本，以宽厚愉悦待人。过分高兴会使心灵震动不安，稍加抑制就可安定；过分愤怒会使本性受到烦扰，凡事多忍即可止息。日常行为符合礼仪规范，不失常态，人的感情就不会受到外物的干扰，也就不会有失礼的行为。

评点

喜怒哀乐，人之常情，但控制得不好，就会影响正确的思考和决定。这一点不可不慎。如何防止过喜和过怒呢？答案是：恬漠为体，宽愉为器。

068. 反悔在我，无责于人

原文

流言谤议，有道所不免，况在阙薄，难用算防。接应之方，言必出己。或信不素积，嫌间所袭，或性不和物，尤怨所聚，有一于此，何处逃毁。苟能反悔在我，而无责于人，必有达鉴，昭其性远，识迹其事。日省吾躬，月料理志，宽默以居，洁净以期，神道必在，何恤人言。

解题

本篇选自颜延年《庭诰》。颜延年，见 032“金真玉粹，乃能尽而不污”。

译文

遭受流言蜚语、诽谤议论，即使是有道德的人也是免不了的，道德不太完美的人更是难以预防。对待流言诽谤的办法，就是要知道这些流言的根源就在自己身上。或是由于平时信义积聚不够，被有仇隙的人乘机而入，散播攻击之言；或是由于性情不与众人相合，而积累太多的不满与怨愤。两者有其一，毁谤就是摆脱不掉的。假如能够自我反省，而不是去责难他人，就必会有明达的鉴借。告诉自己要寄情远大，认识自己的不足之事，每天反省自己的行为，每月省察自己的志向，以自己的宽厚、沉默，期待未来的高洁、清静，一定会达到道德高尚之境，何必担心他人的闲话呢？

评点

我们或许会有这样的体会，一个工作认真负责、做事勤勤恳恳的人，身后却会有冷言讥讽，窃窃私语。有时，有些流言诽谤甚至比正大光明的话影响更大，许多改革家不就是因为流言而含恨引退吗？究其原因，固然有当事者自身弱点所致，但更多的是出于报复、妒忌、嫉恨……抵挡流言的办法，沉默自省固然可取，但也要奋起揭穿诽谤者的丑恶嘴脸，依靠法律战胜他们。否则，似乎过于便宜了这些人。

069. 不奢淫骄慢足成名家

原文

闻汝等学时俗人，乃有坐而待客者，有驱驰势门者，有轻论人恶者，及见贵胜则敬重之，见贫贱则慢易之，此人行之大失，立身之大病也。……汝等若能存礼节，不为奢淫骄慢，足免尤诮，足成名家。

解题

本篇选自杨椿《诫子孙书》。杨椿（455—531），北魏大臣，官至太保、侍中。在他七十五岁时，辞官回乡，临行前写此《诫子孙书》，教育子孙要俭朴、谨慎、以礼待人。

译文

我听说你们也向时下的俗人学习，有的坐着待客，有的奔走在有权势的人门下，有的轻易议论别人，甚至见到高贵过自己的人就敬重，见到贫贱的人就轻视、怠慢，这是品行上的大缺点，立身处世的大疾患。……你们如果能够遵从礼节，不做出奢侈、淫荡、骄纵、傲慢的事，就可以免遭别人的讥刺和批评，就可以成为有名望的人。

评点

“见贵胜则敬重之，见贫贱则慢易之”，似乎是人的通病。究其原因，一是缺乏教育，一是修养不够。期望天下父母都像杨椿这样，教育孩子以存礼节、敬学问为本，这样在立身处世上，方不落俗人之列。

070. 以学自损，不如无学

原文

夫学者所以求益耳。见人读数十卷书，便自高大，凌忽长者，轻慢同列，人疾之如仇敌，恶之如鸱枭。如此以学自损，不如无学也。古之学者为己，以补不足也；今之学者为人，但能说之也。古之学者为人，行道以利世也；今之学者为己，修身以求进也。夫学者犹种树也，春玩其华，秋登其实；讲论文章，春华也，修身利行，秋实也。

解题

本篇引自颜之推《颜氏家训·勉学》。颜之推，见 005“有志者当勉学以就业”。

译文

之所以要学习，就是为了充益自己的德行智识。有的人读了几十卷书，就自高自大起来，不尊重长者，看不起同代，别人就像对仇敌一样痛恨他，像对鸱枭一样厌恶他。这样的以学问毁损自己，还不如没有学问。古代力学的人为己，是要补足自己的不足；今天力学的人为人，是要讲述所学的东西给人家听。古代力学的人为人，是要遵行大道，给世人带来利益；今天力学的人为己，是要通过修身以求仕进。勤学之道如同种树，春天观赏花朵，秋天获得果实；讲论文章就如同春花，而修身躬行则如同秋实。

评点

古人也好，今人也好，都会面临这样的问题：勤奋力学，孜孜矻矻，究竟为了什么？从颜之推的家训中，我们可以知道这样一个道理：充实自己、行道利世为上，讲论文章、修身求进为次，至于学习数十卷便趾高气扬、目中无人者是用学问来增加自己身价，这应属于等而下之的。我们今天勤奋学习，目的应该是增长知识、培养精神、获得本领，为人类福祉的进益而服务。

071．欲不可纵，志不可满

原文

《礼》云："欲不可纵，志不可满。"宇宙可臻其极，情性不知其穷，唯在少欲知足，为立涯限耳。……天地鬼神之道，皆恶满盈。谦虚冲损，可以免害。人生衣趣以覆寒露，食趣以塞饥乏耳。形骸之内，尚不得奢靡，己身之外，而欲穷骄泰邪？

解题

本篇选自颜之推《颜氏家训·止足》。颜之推，见005"有志者当勉学以就业"。

译文

《礼记》上说："欲望不可放纵，志向不可满足。"宇宙有其终极可以到达，而性情却没有止境，唯有通过少欲知足来给它立个界限。……天地鬼神的运行规律都是厌恶满盈，唯有谦虚可以免祸。人生之中穿衣的乐趣在于御寒避露，吃饭的乐趣在于垫饥疗乏。身体内都不可奢侈，身体之外怎么能穷奢极欲呢？

评点

人生贵在知足。一旦放开欲望之门，不管是酒、色、财欲什么的，就是没有止境的。这是问题的一个方面。另一方面，为了满足自己的基本需要，也要通过合法的方式获得，千万不能以非道求之。

072. 身名美恶，岂不大哉

原文

凡为人长，殊复不易，当使中外谐缉，人无间言，先物后己，然后可贵。老生云：“居其身而身先。”若能尔者，更招巨利。汝当自勖，见贤思齐，不宜忽略以弃日也。非徒弃日，乃是弃身。身名美恶，岂不大哉！可不慎欤？

解题

本篇选自徐勉《诫子崧书》。徐勉（466—535），南朝梁大臣、文学家，曾官至中书令。他身居显位，家无蓄积，表示要“遗子孙以清白”。在这篇告诫长子徐崧的家训中，突出了见贤思齐的观点。

译文

作为一家之长，是十分不容易的，使家内家外和睦欢谐，日常人物各以其用，才是可贵的。古语说：“身居其位要带头力行。”如果能做到这一点，才可带来更大的收获。你要自己努力，见到贤人，就要向他看齐。不要忽视这一点，而荒废时日。白白地浪费时光，就是浪费自己的生命。自己名声是美好还是丑恶，可是大事啊！难道可以不谨慎吗？

评点

让生活更美好，除了外部世界外，还有家庭关系的内容。家庭和睦，生活幸福，工作、学习自会有成。希望每个人都为这个目标努力，完美今日事，成就身后名。

073．不患无位，患所以立

原文

大才当大用，如时人不识，何为叹愤哉！先师曰："不患无位，患所以立。"汝能自修，况事叔父。吾之休废，永无荣耀于伯仲之间。自非深仁高义，长才厚德，又焉肯惠于朽坏枯木哉？莒省吾书，当努力也！

解题

本篇选自李华《与弟莒书》。李华（715—766），唐朝大臣、散文家。他开元二十三年（735）中进士，曾官至右补阙。又擅长古文，开唐朝古文运动的先河。在这封写给弟弟的书信中，他既强调了自己要加强德才修养，也希望弟弟进一步努力。

译文

真正有才能的人必有大的用武之地。暂不被赏识，也不必感叹嗟愤。先师孔子说："不怕没有地位，就怕没有自立的才能。"你能自我修养，努力为叔父供职。我不管升迁与否，永远也不能荣耀于你们中间。我自己不具备很杰出的仁义才德，朝廷又怎么肯施恩于我这样的枯木残年之人呢？你应该懂得我的意思，加倍努力。

是真金方能经得火炼，是珍珠总会发出光华。无论何时何地，只要你具备了“深仁高义，长才厚德”，就不愁不被别人认识。怕只怕登上高位，却没有自立的本领。

074．勿屑屑于富贵之间

由仁义而后文者，性也；由文而后仁义者，习也。犹诚明之必相依尔。贵且富，在乎外者也，吾不能知其有无也，非吾求而能至者也。吾何爱而屑屑其间哉？仁义与文章，生乎内者也，吾知其有也，吾能求而充之者也。吾何惧而不为哉。汝虽性过于人，然而未能浩浩于其心，故吾书其所怀以张汝，且以乐言吾道云耳。

本篇选自李翱《寄从弟正辞书》。李翱，见 006“勿与世俗同得失忧喜”。

由仁义而后文章，是人的先天之性；由文章而仁义，是后天

之习。如同诚与明二者互为表里、相依相存一样。富而且贵，是外在的东西，我不能预先知道它的有无，也不是我要求就能得到的。我有什么好切切究心于其间呢？仁义与文章，是生于内心的，我能知道它的有无，而且能够想办法去充实它，我有什么好怕而不去做的？你虽然天性过人，但不能够在这方面明白豁达，我因此写下我的想法以劝说你，并且阐发我遵奉的道理。

人生在世，到底应追求什么？不同的人有不同的答案，在封建社会，科举高中，进入仕途，无疑是许多读书人的最高理想。相比之下，李翱的“由仁义而后文章”，以弘扬光大圣贤之业，不是要崇高些吗？

075. 门第高者，更须修己

夫门第高者，可畏不可恃。可畏者，立身行己，一事有违坠先训，则罪大他人。虽生可以苟取名位，死何以见祖先于地下？不可恃者，门高则自骄，族盛则人之所嫉。实足懿行，人未必信，纤瑕微累，十手争指矣。所以承世胄者，修己不得不恳，为学不得不坚。夫人生世，以己无能而望人用，以己无善而望人爱，用爱无状，则曰：“我不遇世，时不急贤。”亦由农夫卤莽而种，而怨天泽之不润，虽欲弗馁，其可得乎？

解题

本篇选自柳玭《戒子弟书》。柳玭，唐代人，著名书法家柳公权的侄孙，曾任节度副使、御史大夫等职。他为人正直，因得罪宦官遭贬，后去世。他根据祖训，参以自己见闻，作出这篇家训。在唐代，此文即有“言家法者，世称柳氏”之誉。

译文

门第高的人，应该畏惧，而不可有所依恃。可畏，是说在立身处世中，有一件事违背祖先的教训，其罪就要大于别人。这样的人虽然活着可以勉强获取名声地位，但死后怎么在地下与祖先相见？不可恃，是说门第高就会自傲，家族盛就会招人嫉恨。有真才实学和美好德行人们未必相信；而有些微不足和错误，就会被众人指责。所以家世高贵的人，自身的修养不可不刻苦，砺学之志不可不坚定。人生于世，自己无能，却要希望别人重用；自己德薄，却希望别人爱护；重用、爱护都无着落，便说：“我生不逢时，时人纳贤之意不急切。”这就如同农民草率耕种一样，用心不勤，却去抱怨雨水不顺调。这样，虽希望不挨饿，办得到吗？

评点

常常会碰到这样一些人：不学无术，却凭自己老子的权势，飞扬跋扈，要名要权；得逞时误国误民，失意时自暴自弃。其实他们应从这条家训中学习点东西，加强修己与为学。如此才能成为一个对大众有用的人。

076．研其虑、博其闻、坚其习、精其业

原文

夫中人以下，修辞力学者，则躁进患失，思展其用；审命知退者，则业荒文芜，一不足采。惟上智则研其虑、博其闻、坚其习、精其业，用之则行，舍之则藏。苟异于斯，岂为君子！

解题

本篇选自柳玭《戒子弟书》。柳玭，见075“门第高者，更须修己”。

译文

才能平常的人，修饰自己、努力学习者，往往急躁冒进，患得患失，急切盼望施展才能，为朝廷所用；看透世事、知道退隐者，往往是技业荒废，文章芜杂，全无一点可取的地方。真正的智者是完善自己的思想，增加自己的知识，坚持自己的习惯，精通自己的艺业，得到任用即可施展才能，不被任用也能安之若素。如果不是这样就不能被称为君子。

评点

是真君子方能立足于修己，不为外物所累，不为名利所扰。挺身而出可救国持家，受到排斥也不苟且失意。如此，方算是修身有成。

077. 有若无，实若虚

原文

古人有言：有若无，实若虚。况汝实无而虚者耶？使人谓汝庸人，实无所能，闻与吾者，乃吾之望也。慎言语，节饮食，晏寝早起，务安其形骸为善也。

解题

本篇选自苏轼《付迈一首》。苏轼（1037—1101），北宋文学家，号东坡居士。他仁宗时中进士，累官至礼部尚书，兼端明殿学士、翰林侍读学士，曾数次被贬，卒谥文忠。苏轼博学多才，诗文词书画均享盛名。迈，指苏轼之子苏迈。当时苏轼被贬惠州，该家训是苏轼政治上遭受挫折后的经验之谈。

译文

古人曾经说过：有若无，实若虚。况你实际上是“无”而且“虚”的人。让别人称你为庸人，说你没有什么才能，并且让我知道，这才是我的期望。言语上谨慎，饮食上节俭，晚睡早起，务以使自己的身体安宁为好。

评点

这是苏轼在遭受挫折后写给儿子的，其中难免有消极的成分，但教育儿子谦虚谨慎，克己为人，对于那些意气太甚、锋芒太露的年轻人来说，仍然有一定的警世意义。

078．端正修己，明敏临事

原文

立志以明道，希文自期待；立心以忠信，不欺为主本；行己以端庄，清慎见操执；临事以明敏，果断辨是非。又谨三尺，考求立法之意而操纵之，斯可为政，不在人后矣。汝勉之哉！治心修身，以饮食男女为切要，从古圣贤自这里做工夫，其可忽乎！

解题

本篇选自胡安国《与子书》。胡安国（1074—1138），宋代经学家、史学家。他绍圣四年（1097）中进士，官至宝文阁直学士，卒谥文定。他长于教子，其三子寅、宏、宁均为知名学者。

译文

以阐明圣道为志，则希求在文章中实现；以忠义诚信为心，则以不欺人为根本；以端谨庄重来要求自己，则要通过清淡谨慎来表现自己的情操；以洞明敏锐来处理世事，则要果断地辨别是非。另外要谨守法律，考求立法的原意而使用法律，这样才可正确处理政事，不致比别人落后。你们可要努力啊！清心修身，以不贪财利、不纵情欲为关键，古往今来的圣贤都从这里下功夫，难道是可以忽视的吗？

评点

胡安国提出了立志、立心、行己、临事的标准。这固然重要，但儒家谈修身、齐家、治国、平天下，则有空洞之嫌，因此，还须从脚下做起。胡安国提出的“治心修身，以饮食男女为切要”就实在的多。融大道理于日常生活，每人都可以力行，这确为教子的经验之谈。

079. 凡事谦恭，不得尚气凌人

原文

不得自擅出入，与人往还。初到，问先生有合见者见之，不合见则不必往。人来相见，亦启禀，然后往报之。此外不得出入一步。居住须是居敬，不得倨肆惰慢。言谈须要谛当，不得戏笑喧哗。凡事谦恭，不得尚气凌人，自取耻辱。不得饮酒，荒思废业，亦恐言语差错，失己忤人，尤当深戒。不可言人过恶，及说人家长短是非。有来告者，亦勿酬答。于先生之前，尤不可说同学之短。

解题

本篇选自朱熹《与长子受之》。朱熹，见 009“千里从师当奋然有为”。

不要擅自出入，与人交往。初到学堂，请教先生，应该见的人才见，不该见的人不必来往。人家来见你，也要向老师请示后，再去见人家。此外，不得去学堂外一步。在住的地方要谦恭，不许自大傲慢。说话要谨慎恰当，不许嬉笑喧哗。凡事都要谦恭，不要盛气凌人，自取耻辱。不许饮酒，饮酒荒废学业，还可能使言语出错，自己失去控制，得罪别人，尤其应深以为诫。不可暴露别人的过错和丑事，以及议论别人长短是非。有来对你说的，也不必搭腔。尤其不要在先生面前说同学的错误。

这一条是朱熹教育儿子谨于起居、言谈的。这里主要有两字：谦、慎。做到这两点，就会立于不败之地。但朱老先生的这段话里，有些是我们不当照办的，比如不可言人过恶之类，碰到丑恶的东西，还是应该加以批评的，并且要及时向有关机构反映。改善社会的风气，还要依靠社会的力量。

080. 子弟应痛戒三失

今子弟之大失者有三。自少即思衣服之鲜华，饮食之丰美，惟利己之骄惰安逸，而不恤人之规正，一也。不知诵读经史，惟事嬉游度日，稠人广坐，论古今之道则懵无所知，闻世俗之言则欣然而喜，既不知耻，习以为常，二也。身既无学，且复忌人之学，故于胜己者则远而不近，于佞己者则悦而相亲，所言莫非庸下，所思莫非颇僻，三也。有此三失，父母兄弟所不喜，君子长者所不与，上官巨人所不肯荐扬，欲立身成名起家以光其祖宗，可乎？苟能甘淡泊而务学问，近有德而远下流，则所知者圣贤之道，所闻者正大之言，所交者正大之士，所行者向上之事，如此岂不足以成名乎哉！为子弟者，幸毋以予言为耋。

解题

本篇选自李昌龄《乐善录》。李昌龄，宋代人，所撰《乐善录》讲治家之道。这里所选的是其中的“子弟”一节。

译文

现在的青年人有三种大过失。从小就想着穿华丽的衣服，吃丰美的食物，只顾着自己的懒惰与安逸，丝毫不顾及别人的向于正道。这是第一。不知道诵经典、读史书，只是嬉游度日，人多广众之下，谈论起古今的道理就茫然无知，而听到世俗的话语，就会高兴起来，不知耻辱，并且习以为常。这是第二。自己没有学问，还要妒忌人家的学问，碰上学问强于自己的人就远远避开，而有投自己所好的人就会很高兴地亲近他们，所说的都是庸俗而低级的话，所做的是偏僻狎邪的事。这是第三。有这三点大失，父母兄弟就不会喜欢，君子长者就不会结交，达官贵人就不肯引荐，这样想要立身成名起家，以至于光祖耀宗，怎么可能呢？假如能够甘于淡泊，专心于学问，与有德行的人结交，疏远下流之人，那么所学的就都是圣贤之道，所听的就都是正大之言，所结交的都是正大光明之人，所力行的都是努力向上之事。这样不就足以成名了吗？作为子弟的你们，千万不要以为我的话都是老人的胡言。

评点

上述条列的青年人三点过失，在今天的不少人身上也有所表现，当然具体的内容有时代上的差别。李昌龄为这些人开的药方是："甘淡泊而务学问，近有德而远下流。"今天大概也不外这几点吧。如果加上尊长的教育，社会的帮助，也许要全面些。

081．为人之子，不当欺亲

原文

吾见世人未尝能免于欺。爱子教训，子面从而不行，欺也；已有过失，隐寂使不闻，欺也；有怀于中，避就不敢尽言，欺也；佯为美观之事，未必出于情，欺也。……今但能闻教训而一一遵行，不敢失坠；有过失改悔不复为，不求不闻；但有所怀，必尽告之，秋毫不敢隐；为人子所当为，不为人子所不当为、文饰以掠美，如是亦可以言孝则勿欺而已。

解题

本篇选自叶梦得《石林家训》。叶梦得（1077—1148），南宋文学家，号石林居士，绍圣年间进士。绍圣时任江东安抚制置大使，兼建康知府，致力于防务及军饷供应。他学问博洽，能诗词，词风接近苏轼。著有《建康集》等。

译文

依我看世上的人没有能够避免欺骗父母的。父母爱子，加以教训，儿子表面听从，实际上不遵此而行，就是欺骗；自己有过错，加以隐瞒，不使父母得知，就是欺骗；心中有话，却避重就轻，不肯尽言，就是欺骗；假意地做出对父母尊敬的事，却不是至诚亲情，就是欺骗。……你们只要能够听到父母教训一一地去实行，不敢遗漏；有了过错，马上改正，再不复犯，不要希求不让父母得知；心中有话，一定全部告诉父母，不敢有一点隐瞒；去做作为子女应该做的事，不做子女所不该做的事，不文过饰非，把别人的成绩掠为己有，就能够说是孝，就是不欺骗父母了。

评点

我们要求广大青少年诚实，无私，忠于祖国。诚实之心应如何培养呢？应该首先从家庭做起。一个孩子对父母诚实，才会对同学、对老师诚实。长大后，才会对国家、对民族忠诚。反之，连父母都要欺骗，还有谁能得到他的忠诚呢？

082. 深责于己，薄责于人

原文

责得人深者，必自恕；责得己深者，必薄责于人，盖亦不暇责人也。自责以至于圣贤地面，何暇有工夫责人。见人有片善，早去仿学他，盖不见其人之可责，唯责己也。颜子有之。以众人望人，则皆可；以圣贤望人，则无完人矣。

解题

本篇选自许衡《语录》。许衡（1209—1281），宋元之际学者，元时官至集贤大学士兼国子祭酒，与刘秉忠等定元朝仪官制。著有《鲁斋遗书》。

译文

苛责别人的人，必定会宽恕自己；苛责自己的人，必定对别人很宽厚，大概也没有时间去苛责他人。要求自己达到圣贤的程度，哪里有工夫去责备他人呢。看见别人有一点善举，立刻去向他学习，就看不出别人有什么可责备的地方，唯有自责。颜回就是这样。以一般人的标准去看待他人，就都过得去；以圣贤的标准去看待他人，就没有完美的人了。

评点

金无足赤，人无完人。要点在于深责于己，薄责于人，多看他人的长处，这样才会与大多数人相处融洽，一起学习、工作。

083. 盛怒之时须坚忍不动

原文

责己者，可以成人之善；责人者，适以长己之恶。喜怒哀乐爱恶欲，一有动于心，则气便不平。气既不平，则发言多失。七者之中，惟怒为难治，又偏招患难。须于盛怒时坚忍不动，候心气平时审而应之，庶几无失。

解题

本篇选自许衡《语录》。许衡，见 082“深责于己，薄责于人”。

译文

严于责己的人，可以成人之美；严于责人的人，只能是增加自己的丑恶。喜怒哀乐爱恶欲七情，有一种动摇了心智，气就会不平。气有了不平，说话就多失误。七情之中惟有怒气最难控制，又是最能招致祸患和非难的。应该在盛怒的时候，坚持忍住，不为所动。待心平气和时，再仔细地加以考虑回答。这样才可以不会有失。

评点

盛怒之下，说话难免充满火药味。这样的话必然使对方难以接受，矛盾和冲突便不可避免。解决的办法只能是“制怒”。能否做到制怒，表明了一个人的涵养和气度的程度。另外也应注意，在事关原则时针锋相对，在有关私人得失上不妨且让几步。

084. 虚则能受，满则无容

原文

凡在朋侪中，切戒自满。惟虚故能受，满则无所容。人不我告，则止于此耳，不能日益也。故一人之见，不足以兼十人。我能取之十人，是兼十人之能矣。取之不已，至于百人千人，则在我者可量也哉？

解题

本篇选自许衡《语录》。许衡，见 082“深责于己，薄责于人”。

译文

在朋友和同事中，切戒不要自满。唯有虚心，才能受教；自我满足，就再也接受不了什么东西了。人家不来帮助你，你就只能停留在那个地步，不可能日益进步。一个人的见识，不能够顶十个人。我如果能从十个人中获得教益，就是具备了十个人的能力了。学习不停，甚至达到一百人、一千人，那我的能力还能够限量吗?

评点

一只水杯中，如果只有半杯水，就还可装人新的水；如果杯子满了，就再也装不进了。我们在学习中、在处世中，都要使自己的心理保持半杯水的状态，这样才能不断地汲取他人的长处，学习新的知识，成为一个真正对人类有用的人才。

085. 吉人寡言，言必当出

原文

义所当出，默也为失；非所宜言，言也为愆。愆失奚自，不学所致，二者孰得？宁过于默。圣于乡党，言若不能，作法万年，世守为经。多言违道，适贻身害，不忍须臾，为祸为败。莫大之恶，一语可成，小忿不思，罪如丘陵。造怨兴戎，招尤速咎，孰为之端，鲜不自口。是以吉人，必寡其辞，捷给便佞，鄙夫之为。汝今欲言，先质乎理，于理或乖，慎弗启齿，当言则发，无纵诞诡。匪善曷陈，匪义曷谋，善言取辱，则非汝羞。

解题

本篇选自方孝孺《家人箴》。方孝孺，见 011“少不笃行，老悔何追”。

译文

按道义应当说话而没有说，就是过错；不该你说的却说了，也是过错。这种过错都是由于学习不够所导致的，两者哪一点更可取呢？我宁可保持沉默。圣贤即使在乡邻之中，也像不会说话一样，可他们创立的法则，却世世代代被当作经典遵行。话说得太多，便会违反道义，给自身带来害处，在小事上不能忍耐一时，就会带来祸患和失败。一句不慎的话，可造成莫大的怨恨；在小的争执上不加详思，就会导致如山的罪错，造成怨恨和战争。招致埋怨和过失的开端不是别的，正是从口中而出的。所以有道德的人必定是说话很少的，应对捷给、善于奉承的，都是卑鄙小人的行为。你今后如想要说话，先要问一问这话合不合于理，如果不合，就不要轻易说出；如果当说，就要勇敢说出，不要弄得过于诡诈。不好的话不要言说，不合道义的事不要谋划，如果你说的是好话，却受到了别人的轻侮，那也不是你的羞耻。

古语说："祸从口出。"又说："话到舌尖留半句。"在今天，我们提倡"知无不言，言无不尽，言者无罪，闻者足戒"，这是指在工作建议上应该遵循的。但这一原则与以上所说的"慎言"并不矛盾。慎言，是无据勿轻言，更要仗义直言。而在个人小事上，在私人关系上，我们更要慎而又慎，不应为一点小事，飞短流长，最后造成恶劣的后果。

086. 君子崇畏

有所畏者，其家必齐；无所畏者，必怠而睽。严厥父兄，相率以听，小大祗肃，靡敢骄横。于道为顺，顺足致知，始若难能，其美实多。人各自贤，纵私殖利。不一其心，祸败立至。君子崇畏，畏心畏天，畏己有过，畏人之言。所畏者多，故卒安肆，小人不然，终履忧畏。汝今奚择，以保其身，无谓无伤，陷于小人。

本篇选自方孝孺《家人箴》。方孝孺，见 011"少不笃行，老悔何追"。

译文

有所敬畏的人，他的家庭必然齐整有治；什么都不畏惧的人，必然轻慢而导致违背礼教。其父兄严肃，家里的人就都会服从，在大大小小的事情上，都恭肃有畏，就没有敢于骄横不法的人。这种状况从天道上讲，就是恭顺导致和睦。这样做开始似乎很困难，其实它的好处有很多。人人都以自己为贤德，放纵私欲、贪求利禄，全家不一条心，祸败就会立刻来临。有道德的人崇尚畏惧，畏惧自己的良知，畏惧上天，畏惧自己有过错，畏惧他人的议论。畏惧的东西多，才能最终得到安宁。没有道德的人不是这样，最终只会踏入忧恐畏惧之地。如今你要选择什么来保全自己的身体呢？无所谓、无所伤，便会成为没有道德的人。

评点

我们今天也应提倡有畏惧之心。今人应该畏惧的，当然不是上天的惩罚，而是人间的法纪、公众的指责。对于那些手握一定权力的人，有所畏惧，才不致干出误国害民的事情。

087. 惟重惟默，守身之则

原文

引卑趋高，岁月勤劳，习乎卑下，不日而化。惟重惟默，守身之则，惟诈惟佻，致患之招。嗟嗟小子，以患为美，侧媚倾邪，矫饰诞诡。告以礼义，谓人己欺，安于不善，莫觉其非。彼之不善，为徒孔多，惧其化汝，不慎如何？

解题

本篇选自方孝孺《家人箴》。方孝孺，见011“少不笃行，老悔何追”。

译文

从卑下登向高贵，需要长久岁月的辛劳；要沾染卑下的习气，没有几天就会变坏。惟有持重和沉默，才是守身的要则，而狡诈和轻佻则是招祸的祸根。唉，你这不成材的小子，以缺点为美德，趋向媚谀狎邪，巧言饰非，真假无常。别人告诉你礼义之道，你却认为人家是在欺骗你，安于不走正路，却感觉不到自己的过错。不学好的人太多了，我深怕你也要受其熏染变坏了，不谨慎的话，会有什么结果呢？

评点

一个人学好不容易，从善如流只能是人们的愿望而已；而学坏则容易多了，偶有失足，便会每况愈下，不能自拔。所以就要我们教育下一代持重、守志，而不要入于狡诈、轻佻之流。

088．无先已私，无重外物

原文

无先己私而后天下之虑，无重外物而忘天爵之贵，无以耳目之娱而为腹心之蠹，无苟一时之安而招终身之累。难操而易纵者，情也；难完而易毁者，名也。贫贱而不可无者，志节之贞也；富贵而不可有者，意气之盈也。

本篇选自方孝孺《家人箴》。方孝孺，见 011“少不笃行，老悔何追”。

不要先考虑自己的私事，而把天下大事放在一边；不要看重钱财之物，而忘记了天然爵位（指德高望重）的尊贵；不要贪图耳目的享受，而给自己的心灵带来蠹害；不要苟且于暂时的安宁，而招致终生的悔恨。难以控制而易于放纵的，是情；难以完美而易于毁掉的，是名。身处贫贱而不可无的，是坚贞的志向和节操；身处富贵而不可有的，是强烈的骄矜和傲气。

评点

此一段话，全是做人的金石良言。为自己、为子孙的长远考虑，就应该像这段家训所说的那样，无贪眼下，放眼长远，如此便没有事后之悔，便没有身败名裂之恨。

089．读书做人，须苦切检点自家病痛

居常只见人过，不见己过，此学者切骨病痛，亦学者共同病痛。此后读书做人，须苦切检点自家病痛。盖所恶人许多病痛，若真知反己，则色色有之也。

本篇选自唐顺之《与二弟受之》。唐顺之（1507—1560），明代文学家。他于嘉靖八年（1529）中进士，历官至右佥都御史、代凤阳巡抚。他的文章简雅清深，有大家风范，时人称他为“荆川先生”，受之为唐顺之二弟。

平常只看见别人的过错，看不见自己的过错，这是为学者的刻骨病痛，也是他们的共同病痛。你今后无论是读书还是做人，都要痛切深刻地反省自己的病痛。一般说来，你厌恶的别人的许多毛病，如果真知道反省自己，则样样在自己身上都存在。

普通的人总是看别人的过错较清楚，看自己则如同三月雾中。这些人如同手电筒一样，光照别人，不照自己。其实，要进步，要发展，时刻反思自己的不足，乃是一大要务。不如此，便找不出问题，也就不知从何处提高。

090. 劳生善心，逸生恶念

劳则善心生，养德、养身咸在焉；逸则妄念生，丧德、丧身咸在焉。吾命言儿、稽孙，不外一“劳”字。言劳耕稼，稽劳书史，汝父子其图之。

解题

本篇选自史桂芳《训家人》。史桂芳，明代学者、文学家，嘉靖三十二年（1553）进士，官至两浙盐运使。其为文朴实，不为虚渺之谈，这篇《训家人》就是告诫子孙加意勤劳的。

译文

勤劳则产生善心，养德、养身都在其中；安逸则产生恶念，丧德、丧身也在其中。我要吩咐言儿、稽孙的，只是一个“劳”字。言儿勤劳于耕稼，稽孙勤劳于读书，你们父子可要好好努力啊！

评点

爱子当教子勤劳。勤劳工农，勤劳为学，勤劳于各种本职工作，都是大该尽心之事。一个人能否有出息，关键在一个“劳”字。好逸恶劳，是百恶之首也。

091. 君子当敢于自损自辱

原文

古之智者有言曰：“知微君子，必不肯蹈祸患之域，将见益之盛，不待天损而自损之，荣之极，不待天辱而自辱之。”何谓自损？检察己过，自责自克，不敢贰过，不敢文过，不敢惮改是也。何谓自辱？割己之所爱，与人共之；舍己之所欲，与众同之；食甘自菲，衣甘自恶，处甘自下是也。能自损则日益，能自辱则日荣，盛衰岂不由人自取哉！

解题

本篇选自周怡《衡山寄示可贵儿》。周怡，见013“作人要立决烈志，奋刚大气”。

译文

古时的智者说：“能洞知深奥道理的君子，必然不肯踏入祸患之地。看出得益太多时，不待天损，先行自损；荣华达到极点时，不待天辱，先行自辱。”什么是自损呢？就是检查自己的过失，自责自励，不敢把过错推给他人，不敢掩饰自己的过错，不怕改正自己的过错。什么是自辱呢？就是献出自己所爱的东西，与别人共同享受；舍弃自己所要得到的东西，与大众共同拥有；自愿吃粗劣的食物，穿破旧的衣服，住低矮的房屋。能够自损，就会日益进步；能够自辱，就会日益荣达，盛衰都是人们自己取得的啊！

评点

所谓自辱、自损，就是时刻省察自己的过失，改正自己的过错，先人后己，乐于吃苦。这里提出的“能自损则日益，能自辱则日荣”确为至理之谈。安于享乐，文过饰非，食美味，衣锦绣，居高堂，难能成为对社会有用的人。

092. 诫子修身

原文

进学莫如谦，立事莫如豫，持己莫如恒，大用莫如畜。

毋为财货迷，勿为妻子蛊，毋令长者疑，毋使父母怒。

知有己不知有人，闻人过不闻己过，此祸本也。故自私之念有则铲之，谗谀之徒至则却之。

人心止此方寸地，要当光明洞达，直走向上一路，若有龌龊卑鄙襟怀，则一生德器坏矣。

立身无愧，何愁鼠辈。

少年人只宜修身笃行，信命读书，勿深以得失为念，所谓得固欣然，败亦可喜。

人品须从小作起，权宜苟且诡随之意多，则一生人品坏矣。

器量须大，心境须宽。

不合时宜，遇事触怒，此亦一病，多读书则能消之。

若身在事内，利害不容预计，尽我职分，余委之天而已。

恶不在大，心术一坏，即入祸门。

一念不慎，败坏身家有余。

遇事多算计，较利悉锱铢，其过是小，而积之甚大，慎之慎之！

游谈损德，多言伤神，如其不悛，误己误人。

解题

本篇选自吴麟征《家诫要言》。吴麟征，见018“竹帛青史，岂可让人”。

译文

在学习上应该谦虚，处理事情时应该预先准备，在约束自己上应该持之以恒，平时积累，才有远大器用。

不要迷醉于金银财宝，不要偏听偏信妻子儿女的话，不要让长者怀疑自己，不要使父母发怒生气。

只知有自己，不知有别人；只看见别人有过失，看不见自己的过错，这是致祸的根本。所以自私的念头一有萌发，就要铲除；进谗阿谀的小人一出现，就应婉却。

人心就那么一点地方，应该是光明通达，努力向上，如果有了卑鄙龌龊的念头，那么一生的品行功业就要受到败坏。

自己立身无愧，何愁鼠辈诋毁。

少年人只应该修身养志，努力致行，努力读书，不要过多地考虑个人得失，“得固欣然，败亦可喜”说的就是这个意思。

人品必须从小事做起，权宜之计、苟且之事、诡诈之心一多，一生的人品就坏掉了。

器量须大些，心境须宽些。

与时宜不合，碰到事情容易发怒，这也是一种毛病，多读书才能去掉这种毛病。

若身陷事中，利害得失无法估计，那就做我该做的，至于其他就听从天命吧！

恶行不在大小，心术一坏，就会进祸门。

一个念头不谨慎，就足以败坏自身和家庭。

遇事多为自己打算，斤斤计较很小的一点利益，说起来是很小的毛病，但积累起来，就是很大的过错，一定要谨慎！

到处议论别人有损自己的德行，说话过多则有害于自己的心神，如果不早改正，既贻误自己，也误了别人。

评点

所谓修身，只在于使自己养成一种正派浩然之气，有光明磊落之行，有知己知人之明，有坦荡笃正之行。所有这一切，均起于立心，心念一偏，则邪念顿入，恶行顿现。因此，为人行事，正应如这里所说的："一念不慎，败坏身家有余。"这点确应告诫于子子孙孙。

093. 人贵善养其聪，自全其哲

原文

《易》曰："聪不明也。"《诗》曰："无哲不愚。"自恃聪哲的，便要陷在昏昧不明处所去，可惜哉！所以人贵善养其聪，自全其哲。

智术仁术不可无，权谋术数不可有。盖智术仁术，善用之以归于正者也；权谋术数，曲用之以归于谲者也。正谲之辨远矣，动关人品，慎诸！

才不宜露，势不宜恃，享不宜过。能含蓄退逊，留有余不尽，自有无限受用。

解题

本篇选自姚舜牧《药言》。姚舜牧，见 017“人贵立志，磨砺益坚”。

译文

《周易》中说：“聪不明也。”《诗经》中说：“无哲不愚。”依恃自己聪哲的人，便可能陷于昏昧不明的境地，可惜啊！所以为人以善于保持其聪明、保全其睿哲为最可贵。

智术仁术不可无，权谋术数不可有。善用智术仁术便可以归于正道，歪用了权谋术数便要流入诡诈的行列。正邪的区别太大了，动辄便要关乎人品，谨慎啊！

才能不宜过分显露，权势不宜过分依恃，享乐不宜过分讲求。如果能够含蓄谦逊，留有余地，不竭其智，就会有无限的受用。

评点

这几篇家训都讲不可过分显示聪明才智，这实际是老庄学说“弃圣绝智”的表现，有一定的消极意义。不过从另一方面看，教育青少年子弟，不要卖弄小聪明，不要以财势傲人，不要沉溺于权谋术数，对于培养孩子的谦虚、诚实、勤奋的优秀品德还是有一定作用的。

094. 以理自制，澹泊寡欲

原文

澹泊二字最好。澹，恬澹也；泊，安泊也。恬澹安泊，无他妄念，此心多少快活。反是以求秾艳，趋炎势，蝇营狗苟，心劳而日拙矣，孰若澹泊之能日休也。

欲字从谷从欠。溪谷常见欠缺，如何可填满，只有一个理字可以塞绝得。孟子云："养身莫善于寡欲。"欲寡与否，存不存系焉。人曷不以理自制，以自陷于亡。

人思夺造化，造化将反夺我。此间要知分晓。

解题

本篇选自姚舜牧《药言》。姚舜牧，见017"人贵立志，磨砺益坚"。

译文

"澹泊"两个字最好了。澹是恬澹的意思，泊是安泊的意思。恬澹安泊，没有任何妄念，心中该有多少快乐？反过来，因为追求秾艳，趋炎附势，蝇营狗苟，心就会因劳累而愈来愈钝拙。这哪里比得上澹泊生活能够得到更多的休养呢？

"欲"字是由"谷"和"欠"字组成的，溪谷总是凹缺的，怎么能够填得满呢？这只有一个理字可以塞堵断绝。孟子说："养身莫善于寡欲。"人能否生存，关键在于是否寡欲。人们为什么不以理自制，以免自取灭亡呢？

人想要胜过天地造化，天地造化却会反过来胜过人，这一点要清楚。

我们已经读过诸葛亮关于澹泊的名言：“非澹泊无以明志，非宁静无以致远。”人的欲望是无限的，所谓“既得陇，复望蜀”是也。为了满足不断膨胀的欲望，个人的能力与条件又有限，就难免会挖空心思，巧取豪夺，如此则陷入道德刑律之网，轻则良心受责，重则身体受苦。落入这步田地，倒不如以理自制、澹泊度日更好些，更长久些。

095. 自明是非，不入邪僻

事到面前，须先论个是非，随论个利害。知是非则不屑妄为，知利害则不敢妄为，行无不得矣。窃怪不审此而自陷于危亡者。

论不善处富贵者，不说别的，特说一个淫字。骄奢淫佚，所自邪也，而淫为甚，凡人到此，自误平生，深念之慎之！

分明一个安居在，不肯去住，却处于危；分明一条正路在，不肯去行，却向于邪，真自暴自弃。

今人计较摆布人，费尽心思，却何曾害得人，只是自坏了心术，自损了元气。

人谓做好人难，我谓极易，不做不好人，便是好人。

决不存苟且心，决不做偷薄事，决不学轻狂态，决不可做惫赖人。

解题

本篇选自姚舜牧《药言》。姚舜牧，见017“人贵立志，磨砺益坚”。

译文

事到面前，先要明白是非，其次要明白利害。知道是非则不屑于肆意妄为，知道利害则不敢肆意妄为，行事为人便不会出错。我私下对不明白这一点而陷于危亡的人感到不可理解。

谈到不善于对待富贵的人，不说别的，特别要提到一个“淫”字。骄奢淫佚，都是自寻邪路，其中又以淫为最厉害，人染上这个毛病，就会自误终身，要深深记住，千万谨慎。

本来有一个平安的居所，不肯去住，却处于危地；本来有一条正路在，不肯去走，却奔向邪路，真是自暴自弃。

现在的人都挖空心思要摆布别人，费尽心机，却害不到别人，只是坏了自己的心术，损了自己的元气。

别人说做好人难，我说极容易，不做不好的人，便是好人。

决不存苟且之心，决不做轻薄之事，决不学轻狂之志，决不做惫赖之人。

评点

一个人的变好与变坏，固然有环境因素，但外因通过内因起作用，归根结底，下坡路是自己走的。这就要求自身知道是非利害，学做好人，要于世间撑持事业，须先从立定脚跟始。

096. 事需量力而行，不可强所不能

凡人欲养身，先宜自息欲火；凡人欲保家，先宜自绝妄求。精神财帛，惜得一分，自有一分受用。视人犹己，亦宜为其珍惜。切不可尽人之力，尽人之情，令其不堪。到不堪处，出尔反尔，反损己之精力矣。有走不尽的路，有读不尽的书，有做不尽的事，总须量精力为之，不可强所不能，自疲其精力。余少壮时，多有不知循理事，多有不知惜身事，至今一思一悔恨。汝后人当自检自养，勿效我所为，至老而又自悔也。

解题

本篇选自姚舜牧《药言》。姚舜牧，见 017“人贵立志，磨砺益坚”。

为人要想养身，先应该自己熄掉欲望之火；要想保家，先应该自己断了妄求之念。精神也罢，钱财也罢，惜得一分，便有一分受用。以己推人，也应该为他人珍惜。切不可用尽了别人的力量，耗尽了别人的情感，让人家不能忍受。到了人家不能忍受的

时候，出尔反尔，反损失自己的精力。有走不尽的路，有读不尽的书，有做不尽的事，总是须量力而行，不可强做不可做之事，自己疲劳了自己的精力。我少壮时做了不少不知道循理而行的事，做了不少不爱惜身体的事，至今想起来常自悔恨。你们后代人应当自己检点、自己保养，不要学我的样子，到老时又要自己后悔。

读书也好，做事也好，都不可能毕其功于一役，而要量力而行，旦旦为之。这就要求人在知学力行时注意节制，注意养身。常见有人读书做事拼命而为，企图一蹴而就，但往往事与愿违，要么坏了身体，要么没有功效。这样的人应该仔细读一下姚老先生的这条家训，去躁急之情，立恒久之志，庶几可成。

097．心为人一身之主

心为人一身之主，如树之根，如果之蒂，最不可先坏了心。心里若是存天理，存公道，则行出来便都是好事，便是君子这边的人；心里若存的是人欲，是私意，虽欲行好事，也有始无终，虽欲外面作好人，也被人看破。你若根衰则树枯，蒂坏则果落，故吾要你休把心坏了。

本篇选自杨继盛《谕应尾、应箕两儿》。杨继盛，见 020“人

须要立志”。

译文

心是人的身体的主宰，就像树的根、果的蒂一样。最重要的是不可先坏了心，心里如果存天理、存公道，那么做出来的便都是好事，便可进入君子的行列；心里存的如果是人欲、是私念，尽管想做好事，也是有始无终，虽然表面上要做好人，也会被人看破。树根衰败了，大树就会枯死，根蒂坏烂了，瓜果便要脱落，所以我希望你们不要把心坏了。

评点

这段话中“存天理，去人欲”的内容为今天所不取，但杨氏要儿子们心存正义、公道，抛弃私心杂念则是正确的。为人心须先正，心正方能无私，方能舍己为人、成就君子之道。

098. 时刻反思心中之念

原文

心为思之职。或独坐时，或深夜时，念头一起，则自思曰：这是好念是恶念？若是好念，便扩充起来，必见之行；若是恶念，便禁止勿思。方行一事则思之：以为此事合天理不合天理？若是不合天理，便止而勿行；若是合天理，便行。不可为分毫违心害理之事，则上天必保护你，鬼神必加佑你；否则天地鬼神必不容你。你读书，如中举，中进士，思吾之苦，不作官也是。若是作官，必须正直忠厚，赤心随分报国。固不可效吾之狂愚，亦不可因吾为忠受祸，遂改心易行，懈了为善之志，惹人父贤子不肖之笑。

解题

本篇选自杨继盛《谕应尾、应箕两儿》。杨继盛，见 020“人须要立志”。

译文

心的本职是思考。独坐时或深夜时，一有想法，就要自思：这是好的念头还是坏的念头，如是前者，就要加以完善，并必须付诸行动；如是后者，就不要继续想下去。正在做一件事时，也要思量：自己以为这件事合不合天理？如果不合天理，就停止，不再做下去；若是合天理，就继续做下去。不要去做一丝一毫违心害理的事，这样上天必定会保护你，鬼神必定会护佑你，否则天地鬼神一定不容你。你们读了书，如若中了举人，中了进士，想到我受的苦，不来做官也好。如果是做官，就必须正直忠厚，随时以赤心报国。你们一定不要仿效我的狂愚，但也不能因我为尽忠而致祸，便改了心志，变了正行，松懈了为善的志向，让别人笑话我家父亲贤德、儿子不成器。

评点

这段话中有两点值得注意，一是要经常反思自己的思想和行动，二是自己为国尽忠罹祸，却教子不改向善之志。剔除了其中的封建和报应的因素外，这两点值得我们认真回味。

099. 天理先放在头顶上

原文

存阴骘心，干公道事，做老成人，说实在话，天理先放在头顶上。处人只要个谦虚，居家只要个和平，教子只要个学好，吃穿只要个温饱，房舍家伙只要个坚实有用，冠婚丧祭只要个合理。才开口便想这话中说不中说，才动身便想这事该作不该作，才接人便想这人该交不该交，才见利便想这物该取不该取，才动怒便想这气该忍不该忍。

解题

本篇选自吕坤《家训》。吕坤（1536—1618），明代大臣，官至刑部右侍郎，因不满朝政，称病回乡，从事著述、讲学。所作家训题为《近溪隐君家训》，刻碑立于山西太原双塔寺。

译文

存积阴德之心，干公道之事，说实在话，做老实人，天理先放在第一位。处世只要谦虚，居家只要和平，教子只要学好，吃穿只须温饱，房屋家具只须结实耐用，婚丧嫁娶只要合乎礼法。刚开口说话，就要想这话能说不能说；初动身做事，就要想这事该做不该做；才与人相见，就要想这人该交不该交；一收到钱财物，就要想这物该取不该取；刚要动怒发火，就要想这口气该忍不该忍。

评点

对今人来说，积阴德之说当然是没有什么道理的，对天理也要做历史的分析，但做老实人、说实在话、行公道事总是不错的，时刻省察自己的言行是否得当，更是值得提倡的。如果人们都能做到这一点，各色犯罪会少得多，不是吗？

100．天道恶盈，惟谦受益

原文

傲，凶德也，凡以富贵学问而骄人，皆自作孽耳，即使功德冠古今，亦分内事，何与于人？天道恶盈，惟谦受益。予阅历中外，备尝之矣。

解题

本篇选自庞尚鹏《庞氏家训》。庞尚鹏，见 019“玩物丧志，即为身家之蠹”。

译文

骄傲是一种不祥的品性，凡是因为富贵或学问而骄矜自傲的人，都是自己作孽，即使你的功德冠绝古今，也是分内应该的，与别人有什么关系？天道厌恶满盈，惟有谦虚才有益。我的阅历很多，其中的滋味都尝过了。

庞尚鹏这里所言，确是有阅历之人的经验之谈。以富贵凌人，以学问傲人，都是极不好的，不加辖制，自己没有进益，对人刻薄寡恩，就会导致众叛亲离的境地。希望我们都能记住：天道恶盈，惟谦受益。

101．子弟当戒四恃，绝六恶

才子弟制其爱，毋弛其诲，故不以骄败；不肖子弟严其诲，毋薄其爱，故不以怨离。

世家子弟，戒四恃，绝六恶。四恃者，财足以豪，势足以逞，门第足以矜，小才足以先人。缘兹四恃，遂生六恶：曰奢，曰淫，曰懒，曰傲，曰刚狠，曰浮薄。

本篇选自徐祯稷《戒子弟》。徐祯稷，明代人，著有《耻言》。

子弟有才能，父兄要抑制对他的喜爱，不要松懈了对他的教诲，因此他才不会因为骄傲而败德；子弟不贤能，父兄要严格对他的教诲，不要减少对他的爱，因此他才不会因为怨恨而离心。

富贵人家的子弟要戒四恃，绝六恶。四恃是：财富足可恃以为豪横，权势足可恃以为逞志，门第高足可恃以为自我夸耀，小有才能足可恃以为强于他人。由这四恃又产生出六恶，就是奢侈，淫邪，懒惰，骄傲，刚狠，浮薄。

评点

此话对所谓世家子弟的毛病揭露得淋漓尽致，毋庸置疑，“世家”子弟只有戒四恃，绝六恶，才可能成为一个真正的人。

102. 善欲人见，不是真善

原文

善欲人见，不是真善；恶恐人知，便是大恶。见色而起淫心，报在妻女；匿怨而用暗箭，祸延子孙。家门和顺，虽饔飧不继，亦有余欢；国课早完，即囊橐无余，自得至乐。读书志在圣贤，非徒科第；为官心存君国，岂计身家。

解题

本篇选自朱柏庐《朱子家训》。朱柏庐（1627—1698），明末清初人，明末中秀才，入清不仕，在教书的同时研究理学。著作较多，以《朱子家训》最为脍炙人口。该书集儒家做人处世方法之大成，思想植根深厚，含义博大精深，几十年前，与《百家姓》《三字经》同为启蒙读本，许多人还把其中的语句写成条幅，作为自己的行为准则。今天阅读此书，仍对人深有启迪。

译文

做好事希望被别人看见，就不是真正的行善；做了坏事担心别人知道，就是罪大恶极。看见有姿色的女性，心中产生邪念，将来的报应就会发生在他的妻女身上；把对别人的不满隐藏在心，暗中设计陷害别人，将来就会给子孙留下祸根。全家人和气相处，平安顺利地过日子，就算是吃了上顿没下顿，也会觉得欢乐无穷；尽早缴完国家的赋税，就算是没有剩钱余粮，也会有身心轻松的感觉。读书的目的是陶冶品德、求取知识，做一个道德高尚、学问渊博的人，不只是为了参加科举，取得做官的资格；当上官以后，要把心思放在为君主和国家尽力上，不可以计较自身的安乐和家庭的利益。

评点

这一段关于个人品德修养的家训可以教我们很多东西。确实，我们应该发乎内心地追求自己人格的完善，立身以正、助人以善，求知以德，做官为国，否则便是不成器。当然这段话中反映的报应思想是不可取的，这是历史和时代的局限性，我们应该加以摒弃。

103．积小善，戒小恶

原文

小善小恶最易忽略。凡人日用云为，小小害道，自谓无妨，不知此“无妨”二字，种祸最毒。今之自暴自弃，下愚不肖，总只此“无妨”二字，不知不觉，积成大恶。故古之君子，克勤小物，非是务小遗大。盖小者犹不可忽，况大事乎！二子皆有为善之姿与为善之心，但自是之病未除，是己则非人，种毒非小。又气质粗浮，忽略微细，故为三复昭烈之言。《易》曰：“小人以小善为无益而弗为也，以小恶为无伤而弗去也，故恶积而不可掩，罪大而不可解。”每读《易》至此，未尝不惊魂动魄、心胆堕地也。二子勿易吾言，戒谨恐惧，庶几寡过。

解题

本篇选自陈确《示儿帖》。陈确（1604—1677），清初思想家，与黄宗羲同学，明亡后隐居著述，后人辑为《陈确集》。在《示儿帖》中，他教育儿子从小事上做起，积小善为大善。

译文

小善和小恶最容易被忽略。普通人日常言行稍有背离正道的地方，往往自认为无妨，却不知这“无妨”两个字留下的祸患最深。今日的不贤之人都是因为这“无妨”两个字，不知不觉积成大恶。因此古代的君子在对待小事情上谨慎小心，并不因小失大，因为小事情尚不容忽视，何况大事！你们两个（长子陈翼、次子陈禾）都有为善的愿望和行动，但自以为是的毛病没有除掉，以为自己什么都好，便会以为别人不好，这种毛病为害很大。另外你们的气质粗犷浮躁，容易忽略一些细小的事情，因此我曾经多次强调蜀先主刘备的话：“勿以恶小而为之，勿以善小而不为。”《周易》上说：“小人以为小善没有大用便不去做，以为小恶没有大害而不戒除，因此积恶过多便不可掩盖，犯了大罪而不可饶恕。”我每次读《周易》，读到这里都惊魂动魄，心神不宁。你们不要轻视我的话，谨慎小心，才可以减少过错。

评点

成语“防微杜渐”讲述的道理与本句的意思是一样的。努力从小事做起，终成君子；不注意细小之过，终有大过。愿大家共勉之。

104. 少年需常有一片春暖之意

原文

少年需常有一片春暖之意，如植物从地茁出，天气浑含，只滋根土；美闷春融，绝无雕节，自会发生盛大。

今之少年，往往情不足而智有余，发泄多歧，本地单薄；专力为己，饰意待人；展转效摹，人各自为；过失莫知，患难莫救；殖落岁逝，竟成孤立。千年之木，华尽一朝，良可惜也！

解题

本篇选自彭士望《示儿婿书》。彭士望，见 050“惟勉勉以求益，非汲汲于知名”。

译文

少年应该常怀一片春暖之意，就像植物从地里茁壮长出，含着一片天然之气，滋润着根下的土地；内部孕含着无穷的美，融化着大好的春光，一点也没有人为的刻意雕饰，自然而然地健康成长。

现在的青少年往往是天然性情发挥不足，玩弄心智机巧有余，多方面表现自己的那点才智，其实德才的根基很浅薄。他们一心一意地为自己打算，虚情假意地对待别人；互相仿效，各行其是；不了解自己的过失，不救拔别人的困难；随岁月的流逝，自身的价值也衰落下去，最终成为孤立无援之人。本来可成为千年大树，结果只开了一次花就夭折了，真是可惜啊！

评点

青少年俗称后生家，这些人应该对自然、对社会、对家庭、对人类怀有满腔热情。你真诚地拥抱生活，生活才会给你优厚的回报，不然，得到的只能是惩罚。所谓“千年之木，华尽一朝”是也。

105. 过而能改，即自新迁善之机

原文

《虞书》云：“宥过无大。”孔子云：“过而不改，是谓过矣。”凡人孰能无过？若过而能改，即自新迁善之机。故人以改过为贵，其实能改过者，无论所犯事之大小皆不当罪之也。

解题

本篇选自康熙《庭训格言》。康熙（1654—1722）即清圣祖，名玄烨。1661—1722 年在位。他重视农业生产，发展经济；对外抗击侵略，对内平定叛乱；又重视发展文化，提倡程朱理学，《庭训格言》是他教训诸皇子的话。

译文

《虞书》（即《尚书》）中说：“一时的过失，虽大也可以宽恕。”孔子说：“有过而不改悔，才是真正的过。”平常人谁能没有过错呢？如果犯了过错而能改正，就是自新向善的契机。因此，人最可贵的是能改过。其实，能改正过错的，无论他所犯的过错有多大，都不应当再加罪于他。

评点

中国人历来强调的是“过而能改，善莫大焉”。作为长辈，教育子女勇于认错，勇于改过，是十分重要的。有些人“护犊”之习非常严重，这样对子女的发展极为不利。有些青少年学生，自己犯了错误，知道错了，又不敢承认，只好说假话，企图蒙混过关，岂不知这样是错上加错，久而久之，害己不浅。

106. 积成大善，存心为公

原文

勿以小善为无益，小善积得多，便成大善；勿以小恶为无伤，小恶积得多，便是大恶。

君子小人之分，在乎公私之间而已。存心于公，公则正，正则便是君子；存心于私，私则邪，邪则便为小人。

解题

本篇选自钱咏《示子》。钱咏，见025“一味因循，大误终身”。

译文

不要以为小善没有什么益处，小善积得多，便成大善；不要以为小恶没有什么妨害，小恶积得多，便是大恶。

君子、小人的区别，就在公私之间。存心于公，便能正，就成为君子。存心于私，便入邪，就成为小人。

评点

《周易》中谈到“积健为雄”，与本篇中的“积小善为大善”的道理是一样的。平常所讲的善，讲要成为道德高尚的人，听起来似乎高不可攀，其实不然，除按照前面提到的“积小善，惩小恶”去做外，只要存心为公、行事以正便可以了。

107. 凡为人先从孝友起

原文

凡为人先从“孝”“友”起。孝，不但敬爱生父，凡伯父叔父，皆当敬爱之；不但敬爱生母，凡嫡母继母、叔伯母，皆为敬爱之，乃谓之孝。友，则同父之兄弟姐妹，同祖之兄弟姐妹，同曾祖高祖之兄弟姐妹，皆当和让，此乃古人所谓亲九族也。读书不知此，用书何为？童幼有时争言，吾亦不禁，独令人伤心话，不可出诸口；较量钱财有无，悖理行私之事，不可存于心。将吾此书熟读牢记，以防再犯。

解题

本篇选自吴汝纶《谕儿书》。吴汝纶（1840—1903），清末文学家，同治四年进士，曾任内阁中书，先后为曾国藩、李鸿章掌奏议。曾任京师大学堂总教习，并赴日本考察，归国后辞官办小学，直至逝世。

译文

要做人，先要从“孝”“友”做起。不但要敬爱亲生父亲，凡是叔父伯父，都应当敬爱；不但要敬爱亲生母亲，而且要敬爱嫡母、继母，以及伯母叔母，这样才能称为“孝”。要做到“友”，则要同父兄弟姐妹、同祖兄弟姐妹、同高祖曾祖的兄弟姐妹，都应当和睦谦让，这就是古人所说的亲九族。读书人不知道这些，要书有什么用？孩童之时，有时吵架拌嘴，我就不去管了，但不准说令人伤心的话；不要在心里想那些比较钱财有无等背理行私之类的事情。你要将我的书信熟读牢记，以防止再犯这类毛病。

评点

彬彬有礼、敬老爱幼，应该先由家庭中和亲戚中做起。很难想象，一个对家人、对亲戚动辄横眉立目、锱铢必较的人，在社会上能够谦和有礼、乐于助人。因此，每个家长都应该像吴汝纶这样，教育自己的孩子先从家中的“孝”“友”做起。

108. 人无耻，便如病者闭喉

原文

人极重一耻字。即盗贼倡优，若有些耻意在，便可教化。若其人虽未大恶，或遇羞耻之事，恬然可安，肆然不畏，则终身必无向善之日，推到极不善事，亦所肯为。耻字是学人喉关。圣人教人，与小人转为君子，皆从耻上导引激发过去。人一无耻，便如病者闭喉，虽有神丹，不得入腹矣。

解题

本篇选自魏禧《日录》。魏禧，见022“儿辈少壮，正好学问”。

译文

人应该极重视一个“耻”字。即使是盗贼娼妓，如果有些耻意，便可以教其改过。一个人没有大的恶行，但如碰到了羞耻的事，却恬然自在，毫不心惧，那么他就终身不会有向善之时了。如果有极丑恶的事，他也是肯去做的。耻字是学习做人的关键。圣人教育别人，或小人转变为君子，都是先从知耻上引导、激励开去。人一无耻，便像病人闭喉一样，虽有神丹，也进不到肚腹中了。

评点

知耻即为上进之始。家长教育孩子，偶尔犯有过失、心存不良念头都不要紧，先须知耻，才可天天向上。

109．彼此讲论，务要平心静气

原文

彼此讲论，务要平心易气，即有不合，宜当再加详思，虚己商量，不可自以为是，过于激辩。舍己从人，取人为善，圣贤心传，正在于此。否则虽所论极是，亦见涵养功疏，况未必尽是乎。

解题

本篇选自汤斌《语录》。汤斌（1627—1687），清代大臣，顺治进士，累官至潼关兵备道，后弃官从孙奇逢学习，再以荐重官，历任江苏巡抚、礼部尚书、工部尚书，颇有政绩。卒谥文正。

译文

与人家讲谈道理，务必要平心静气，即使有意见不一致的地方，也应该反复加以思考，虚心与人商量，不可自以为是，过于激烈地辩论。放弃自己的意见，接受他人的意见，能吸取他人长处才是善，圣贤的根本道理正在这里。如果不是这样，虽然你所坚持的是极为正确的道理，也可见出你的涵养功夫很差，何况道理未必都在你那里呢！

评点

讨论问题，务在平心静气；与人相处，贵在从善如流。固执己见、出言激烈，不仅可见涵养差，亦可见心地差。

110. 保身于身所大欲

原文

保身于身所大欲，德人于人所不知，守志于志所未得，轻世于世所不惊，乐生于生所聊托，惜福于福所过享，敦让于让所不堪，祈天于天所未定，真名言哉！录置座右，日夕咀玩，并以示我子孙共珍之。

解题

本篇选自孙奇逢《孝友堂家训》。孙奇逢，见055“知耻则不忧”。

译文

在自身的欲望上保养自身，在别人不知道的情况下恩惠别人，在志向未实现时坚守志向，在世人都习以为常的情况下轻视世俗，在日常的生活中享受生活，在享福已甚的时候珍惜幸福，在不堪忍受的时候大度容让，在天数未定的时候求告上天。这真是名言，你们要抄下来，作为座右铭，每天早晚把玩吟习，并要让子孙们共同观看，珍重保存。

这里所说的，是人的操守锻炼应从最困难处做起，从最平常处做起。尤其是前几句，相当值得今人仔细咀嚼，寻出个中底蕴，增益自身品行。

111．多求多欲，自然多苦少乐

庸人多求多欲，不循理，不安命。多求而不得则苦，多欲而不遂则苦，不循理则行多窒碍而苦，不安命则意多怨望而苦，是以怨天尤地，行险侥幸，如衣敝絮而行荆棘中，安知有康衢坦途之乐。

解题

本篇选自张英《聪训斋语》。张英（1637—1708），清代大臣，文学家。康熙时进士，选庶吉士，历官侍讲学士、贡院学士、工部尚书、文华殿大学士，卒谥文瑞，赠太傅。《聪训斋语》是他随时书写下来教育长子张廷缵的，后由廷缵装订成册，传训子孙。

庸俗的人企求多、欲望多，不遵循事物的道理，不安于自己

的运命。企求多，不能得到就会苦恼；欲望多，不能实现就会苦恼；不遵循物理，就会因在行动上多有阻碍而苦恼；不安于命运，就会产生很多怨气，也会苦恼。这样就会惊恐万状地侥幸行险，就像穿着破衣服在荆棘中行走，怎么能体会出宽阔道路的快乐呢？

评点

让人们安于命运，不去奋斗，这当然是不对的，但适当地节制欲望，尤其是节制私人生活、待遇方面的欲望，无疑会减少许多烦恼。我们提倡为社会进步而奋斗，为个人成才而奋斗，不要为个人的私欲而苦恼。

112．一言一事，皆思有益于人

原文

与人相交，一言一事，皆思有益于人，便是善人。……每谓同一禽鸟也，闻鸾凤之名则喜，闻鸺鹠之声则恶，以鸾凤能为人福，而鸺鹠能为人祸也；同一草木也，毒草则远避之，参苓则共宝之，以毒草能鸩人，而参苓能益人也。人能处心积虑，一言一动，皆思益人，而痛戒损人，则人望之若鸾凤，宝之如参苓，必为天地之所佑，鬼神之所服，而享有多福矣。此理之最易见者也。

解题

本篇选自张英《聪训斋语》。张英，见 111“多求多欲，自然多苦少乐”。

译文

与别人相处，一句话、一件事，都要考虑必须有益于人，这样的人便是善人。……同是禽鸟，人们听到鸾凤的名字就高兴，听到鸺鹠的声音就厌恶，因为鸾凤能给人带来福祉，而鸺鹠能给人带来灾祸；同是草木，如是毒草大家便远远避开，如是人参茯苓就会共同维护，因为毒草会毒死人，而人参茯苓能补益人。一个人如果能够处心积虑、一言一行都想要对别人有益，同时又痛戒损害别人，别人就会像对鸾凤一样看待他，就会像对人参茯苓一样爱护他。这样的人必定受到天地的护佑，即使是鬼神也要为之心服，他就会享到大福。这是很显见的道理。

评点

禽鸟、草木当然不会具有人的感情，天地鬼神护佑也是虚妄的意愿。我们从这段话里所能感受到的，应该是：为人应替别人打算。试想一下，在我们这个世界，如果人人为他人着想，没有那么多的为一己私利而争斗、纠缠、钩心斗角，世界将会多么美好。

113．富家子弟当自如寒士

原文

富贵子弟，人之当面待之也恒恕，而背后责之也恒深，如此则何由知其过失，而显其名誉乎？故世家子弟，其谨饬如寒士、其俭素如寒士、其谦冲小心如寒士、其读书勤苦如寒士、其乐闻规劝如寒士，如此则自视亦已足矣，而不知人之称之者，尚不能如寒士。必也谨饬倍于寒士、俭素倍于寒士、乐闻规劝倍于寒士，然后人之视之也，仅得与寒士等。今人稍稍能谨饬俭素、谦下勤苦，人不见称，则曰“世道不古，世家弟子难作”。此未深明于人情物理之故者也。我愿汝曹常以席丰履盛为可危可虑、难处难全之地，勿以为可喜可幸、易安易逸之地。

解题

本篇选自张英《聪训斋语》。张英，见111“多求多欲，自然多苦少乐”。

译文

富贵人家的子弟，别人当面极为宽恕，但背后责备的却极深，这样怎么能够知道自己的过失、显扬自己的名誉呢？世家子弟的谨慎约己、节俭朴素、谦虚小心、读书勤苦、乐闻规劝都能够同于寒士（一般书生），自己认为已经可以了，却不知在别人看来，还是不能同寒士一样，必须是比寒士加倍的谨慎约己、节俭朴素、谦虚小心、读书勤苦、乐闻规劝，然后在别人看来，才能与寒士相等。如今的人稍稍能够谨慎、朴素、节俭、谦虚、勤苦，没有得到别人的赞扬，就会说：“世道不古，世家子弟难做！”这是因为不懂人情道理的缘故。我希望你们常常以丰衣足食为可危可虑、难处难全之地，不要以为这是可喜可幸、易安易逸之地。

评点

世家子弟，包括如今的富家子弟应该怎么做，才会得到人们的承认，这里已经说得很透彻了。照此做去，何愁不成就一番事业。

114. 凡事皆贵专

原文

凡事皆贵专。求师不专，则受益也不入；求友不专，则博爱而不亲。心有所专宗，而博观他途以广其识，亦无不可。无所专宗，而见异思迁，此眩彼夺，则大不可。

解题

本篇选自曾国藩道光二十三年（1843）正月二十六日《致澄弟温弟沅弟季弟》。曾国藩，见 026“读书只在立志真”。

译文

所有的事都贵在一个“专”字。求师不专，就不会得到深入的益处；求友不专，就不会有亲近知心的朋友。心中有一个专宗的方面，再通过其他途径来扩大知识面，也没有什么不可以。心中无所专宗，见异思迁，一方面大发光彩，另一方面却黯然失色，则绝对不可以。

此为为人处世的经验之谈。我们周围朝三暮四、见异思迁的人太多了。他们应牢记这句话：凡事皆贵专。

115. 不愿为官，但愿为君子

凡人多望子孙为大官，余不愿为大官，但愿为读书明理之君子。勤俭自持，习劳习苦，可以处乐，可以处约，此君子也。……凡仕宦之家，由俭入奢易，由奢返俭难。尔年尚幼，切不可贪爱奢华，不可惯习懒惰。无论大家小家，士农工商，勤苦俭约，未有不兴；骄奢倦怠，未有不败。尔读书写字不可间断，早晨要早起，莫坠高曾祖考以来相传之家风。

解题

本篇选自曾国藩咸丰六年（1856）九月《谕纪鸿》。曾国藩，见 026“读书只在立志真”。

一般的人大多希望子孙能当上大官，我不愿做大官，只愿做一个读书明理的君子。勤俭自持，不怕劳苦，可以处欢乐，可以

处俭约，这就是君子。……凡是做官的家庭，由节俭进到奢侈极容易，由奢侈返回到节俭极困难。你还年幼，切不可贪爱奢华，不可懒惰成习。不论是大家庭，还是小家庭，不论是读书之家、农民之家，还是工匠之家、商人之家，勤苦俭约就会兴旺，骄奢倦怠就会衰败。你读书写字不可间断，早晨要早起，不要坏了从高祖起传下来的家风。

评点

教子勤苦节俭，学做君子，爱子之意溢于言表。

为学编

116. 澹泊以明志，宁静而致远

原文

夫君子之行，静以修身，俭以养德，非澹泊无以明志，非宁静无以致远。夫学须静也，才须学也。非学无以广才，非志无以成学。淫慢则不能励精，险躁则不能冶性。

解题

本篇选自诸葛亮《诫子书》。诸葛亮，见003“志当存高远”。

译文

君子应遵从的行为，应是以静来加强自身修养，以俭来培养自己的品德。不甘于澹泊寡欲，便不足以显明志向；如果心境不安定，便不能虑事深远。做学问需要静下心来，高绝的才能是通过学习得来的。不学就不能增加才干，无志便不能成就学问。放纵怠惰就不能获得精深的学问，轻薄浮躁则不能陶冶性情。

评点

“非澹泊无以明志，非宁静无以致远。”这是千古名句。可是有多少人真正实践了这两句话了呢？在我们的生活中，急功近利、好大喜功，可说触目皆是。有些家长望子成龙，逼着子女学书法、学画、学琴、学歌，以求将来出人头地。可是，亲爱的家长朋友，你们错了，首先要教孩子们“静”和“俭”啊！

117. 易习而可贵之技无过于读书

原文

夫明六经之指、涉百家之书，纵不能增益德行，敦厉风俗，犹为一艺，得以自资。父兄不可常依，乡国不可常保，一旦流离，无人庇荫，当自求诸身耳。谚曰：“积财千万，不如薄伎在身。”伎之易习而可贵者，无过读书也。世人不问愚智，皆欲识人之多、见事之广，而不肯读书，是犹求饱而懒营馔，欲暖而惰裁衣也。

解题

本篇选自颜之推《颜氏家训·勉学》。颜之推，见005“有志者当勉学以就业”。

译文

明晰诗、书、乐、易、礼、春秋这六经的意旨，广泛涉猎诸子百家的各种著作，即使做不到增益德行，移风易俗，但还可以作为一种技艺，能够用来养活自己。父亲和兄长是不可能永远依靠的，家乡和故国是不可能长久存在的。一旦流离失所，没有人关心爱护，就应该靠自己去奋斗了，谚语说：“积财千万，不如薄技在身。”各种技艺之中，最易学习而且最可贵的，莫过于读书了。世界上的人们，不管愚蠢还是聪明，都想要多识人、广见识，但如若不肯读书，那就像想要吃得饱却懒于烧火做饭，想要穿得暖却懒于量体裁衣一样了。

对于颜之推那个时代的人来说，搞懂《诗经》《尚书》《乐经》《周易》《礼记》《春秋》这六部书，其他的书涉猎一下就可以了。到了这个地步，便可以进能治国、退可自养了。但今天就不行了。今天你要掌握足能应付日常工作的技艺，要读多少书呢？恐怕具体谁也说不上来，反正很多就是了。这更要求你去勤学，去读书，否则你便会落后，便会出丑，长期下去，就失去了养身的资本了。到了那个时候，你再后悔可就晚了。

118．必乏天才，勿强操笔

学问有利钝，文章有巧拙。钝学累功，不妨精熟；拙文研思，终归蚩鄙。但成学士，自足为人。必乏天才，勿强操笔。吾见世人，至无才思，自谓清华，流布丑拙，亦以众矣，江南号为詅痴符。

本篇选自颜之推《颜氏家训·文章》。颜之推，见 005“有志者当勉学以就业”。

做学问有聪敏愚钝之分，写文章有工巧拙劣之别。愚鲁的人不懈地努力学习，终会掌握所学知识；而拙劣的文章，不管里面

的思想多么新奇，也只能归于让人耻笑。只要能成为有学问的人，就可以立身行世；而如果确实缺乏天分，就不必强迫自己做文章了。我见过很多这样的人，他一点文才也没有，却自命为文章华美，到处去散布自己的丑拙之态，这样的人，江南称之为“詅痴符”（卖痴呆）。

评点

技不如人就不提了，即使学问超过别人，也应注意谦己虚心；另一方面，自己文才不精，但也不必“勿强操笔”，只要努力学习，锻炼文句，自会有提高。只是要注意，不成熟的东西不要发表给人看就是了。

119. 文章需先经亲友评裁

原文

学为文章，先谋亲友，得其评裁，知可施行，然后出手；慎勿师心自任，取笑旁人也。自古执笔为文者何可胜言，然至于宏丽精华，不过数十篇耳。但使不失体裁，辞意可观，便称才士；要须动俗盖世，亦俟河之清乎！

解题

本篇选自颜之推《颜氏家训·文章》。颜之推，见 005“有志者当勉学以就业”。

学习做文章，要先给亲友看一下，得到他们的好评，知道可以施行，然后才可以拿出给别人看。切不要只相信自己，惹旁人取笑。自古以来，执笔写文章的人数也数不过来，但构思宏丽、词句精妙的，不过几十篇罢了。做文章只要不是与文体不合，文字能够表达自己的思想，就可以被称为有才学的人了。必要使文章达到盖世的程度，恐怕只能等到黄河变清那一天了。

评点

做给人看的文章确需慎重，我们报章杂志上的那些错字连篇、辞不达意的文章还少吗？对于一般人而言，做文章一要文与体相符，二要文字达意，做到文笔精妙，则是苦练几十年之后的事。

120．文章当以理致为心肾，气调为筋骨

凡为文章，犹人乘骐骥，虽有逸气，当以衔勒制之，勿使流乱轨躅，放意填坑岸也。文章当以理致为心肾，气调为筋骨，事义为皮肤，华丽为冠冕。今世相承，趋末弃本，率多浮艳。辞与理竞，辞胜而理伏；事与才争，事繁而才损。

解题

本篇选自颜之推《颜氏家训·文章》。颜之推，见005“有志者当勉学以就业”。

译文

但凡做文章，就如同人骑乘骏马，即使有俊逸之气，也应当适当控制，不要纵其狂奔，乱了轨迹，因意气太放而颠覆于沟坑之间。做文章应当以义理情致为心脏，以气韵才调为筋骨，以事情本义为皮肤，以词藻华丽为冠冕。世代相承，到今天都背本趋末，华而不实。文辞与义理相争，导致文辞为先，讲理为下；事义与才调相争，导致论事繁杂，才调受损。

评点

本篇议论的中心是说做文章须思想性第一、艺术性第二。这一主旨与今天提倡的文学创作的指导思想有些相近。在我们教授课文时，应该重视这方面的教育。

121．体尽读数百卷书

原文

或有身经三公，蔑尔无闻；布衣寒素，卿相屈体。或父子贵贱殊，兄弟声名异。何也？体尽读数百卷书耳。

解题

本篇选自王僧虔《诫子书》。王僧虔（426—485），南朝齐大臣，曾官至尚书令。他在《诫子书》中，教育儿子不要空谈，不要靠长辈福荫，要努力学习。

译文

有的人官做到三公（古时朝中品级最高的大臣），但却默默无闻；有的人是布衣百姓，高官大臣却向他鞠躬表示敬意。一家之中，有时父子二人贵贱悬殊，兄弟之间声名各异。这是为什么呢？就是因为读书多少不同的缘故。

评点

读书，不光是谋生的手段、仕进的阶梯，更是充实自己的有效途径。胸中有万卷书，自会心志高扬，谈吐儒雅；反之，胸无点墨，即使腰金佩玉，锦衣鼎食，也只能是白丁一个。

122. 可久可大，其惟学欤！

原文

汝年时尚幼，所阙者学。可久可大，其唯学欤！所以孔丘言："吾尝终日不食，终夜不寝，以思，无益，不如学也。"若使墙面而立，沐猴而冠，吾所不取。立身之道，与文章异，立身先须谨重，文章且须放荡。

解题

本篇选自萧纲《诫当阳公大心书》。萧纲（503—551），南朝梁皇帝。他是梁武帝第三子，四十六岁时即帝位，两年后被叛将侯景所杀。大心是他的二儿子，封当阳公。

译文

你的年纪还小，所缺少的是学问。唯有学问才可传之久远，才可发扬光大。所以孔子说：“我曾经整天不吃饭、整夜不睡觉地来思考，但没有用处，不如学习。”不学无术，徒具虚名，是我最不赞成的。立身之道与做文章不同：立身必先谨慎持重，做文章不妨驰骋才学，放纵恣肆。

评点

中国历史上极讲究书香门第、诗书传家，贵如皇帝，下如平民，无不以此为荣。可近些年来，知识似乎不那么有吸引力了。一些人让孩子弃学经商、弃学做工，这真是罪过。人们啊，你要知道：“可久可大，莫过于学！”

123．汝始成人，犹器作朴

原文

若知彝器乎！始乎斫轮，因入规矩，刳中廉外，枵然而有容者，理腻质坚，然后加密石焉。风戾日唏，不副不聱。然后青黄之，鸟兽之，饰乎瑶金，贵在清庙。其用也幂以养洁，其藏也椟以养光。苟措非其所，一有毫发之伤，偪然与破甑为伍矣。汝之始成人，犹器之作朴，是宜力学为砻斫，亲贤为青黄，睦僚友为瑶金，忠所奉为清庙，尽敬以为幂，慎微以为椟，去怠以护伤，在勤而行之耳。

解题

本篇选自刘禹锡《犹子蔚适越戒》。刘禹锡（772—842），唐代诗人、散文家。他二十二岁中进士，初官太子校书，继任监察御史。后因参加王叔文革新集团贬朗州司马。后被起用，终官检校礼部尚书。他的侄子刘蔚要去南方任职，他因此写了这篇训诫。

译文

你知道祭祀用的漆木器吗？它的制作始于削斫成形，又经过绳墨测量，挖去中间的部分，削去外部的多余部分，使之中空而能装东西，然后让它肌理细腻，质地坚硬，再以磨石修磨。经风吹日晒，不破不糙者，方可绘上彩色，画出鸟兽花纹，以金银美玉为饰，然后才放到庙宇中。使用时要用布盖起来，不用时用箱子装起来，以使它保持清洁、光亮。假使放的地方不对，有一点损伤，就像破烂饮具一样毫无用处了。你已经开始成为大人，这就同原始状态的彝器一样。你应该努力学习以磨炼自己，亲近贤人以修饰自己，与同僚朋友亲睦以提高自己，在所供职的处所努力工作，忠于职守，尽力做到恭敬，微小之处谨慎，以保持自己的形象；摒弃轻慢，以改正自己的弱点。总而言之，在于勤勉地去做。

评点

刘禹锡以做漆木器为喻，教育侄子力学亲贤，自力奋进。人物同理。一个人的成才道路是不平坦的，只有那在崎岖小路上不畏艰险而攀登的人，才有可能最后成功。这一点，无论是古代，还是今日，都是一样的。

124．务令华实相副

原文

侄孙近来为学何如？想不免趋时，然亦须多读史，务令文字华实相副，期于适用乃佳。勿令得一第后，所学便为弃物也。

解题

本篇选自苏轼《与侄孙元老书》。苏轼，见 077“有若无，实若虚”。此书为苏轼被贬海南时，写给侄孙苏元老的。

译文

侄孙近来做学问如何了？我推测也免不了趋赶时下风气，但也需要多读史书，务必使文章的文辞和内容相副，能够实用最好，不要得中举人或进士后，就把所学的东西全扔掉了。

评点

寥寥数语，苏轼为我们指出了三点应注意的东西：不要趋世；作文华实相副，期于实用；不要成名后就扔弃学问。对于今天的青少年，甚至于从事学术研究的人，苏轼的话都是有益的劝诫。

125．文章需学

原文

文章最为儒者末事，然需学之，又不可不知其曲折，幸熟思之。至于推之使高，如泰山崇崛、垂天之云；作之使雄壮，如沧江八月之涛、海运吞舟之鱼，又不可守绳墨、令俭陋也。

解题

本篇选自黄庭坚《答洪驹父书》。黄庭坚（1045—1105），北宋文学家、书法家。自号山谷，晚号涪翁。英宗时进士，历官至著作佐郎。为“苏门四学士”之一，诗与苏轼齐名；书法风格特异，自成一家。洪驹父为其外甥，黄庭坚在指出洪驹父诗文不足处后，提出了如上观点。

译文

对于儒者而言，文章是末等之事，但仍需学习，并且不可不了解其中的曲折，希望你认真考虑。做文章应使词意高崛，如泰山出平地，鹏鸟展巨翅；使辞气雄壮，如八月大江潮，吞舟北溟鱼。千万不可局守古人绳墨，粗率小气。

评点

在当时人看来，经世济国才是大事，文章诗词只是小事。今天，文章诗词也与个人事业相联系，就不能说它是小事了，因此更需学习，提高技巧，使之高崛、雄壮。

126．有疑则问

原文

早晚受业请益，随众例不得怠慢。日间思索有疑，用册子随手札记，候见质问，不得放过。所闻诲语，归安下处，思省切要之言，逐日札记，归日要看。见好文字，录取归来。

解题

本篇选自朱熹《与长子受之》。朱熹，见 009“千里从师当奋然有为”。

译文

早晚听老师讲课，向先生请教，要与众人一样，不得怠慢。白天思考有不明白处，要用册子随手记下来，以便见到先生时请教，不得放过。听到先生的教诲，在回到住处后，要想出其中重要的部分，逐日记录。归家的时候我要检查。见到有好的文字，也要录下带回。

评点

朱是大学问家，但观其教子尊师之言，以及勤学、勤问、勤抄写的学习方法，真可说是娓娓道来，爱子教子之情，溢于言表。有此慈父，何患子不上进？

127. 旦起必先读书

原文

旦起必先读书三五卷，正其用心处，然后可及他事。暮夜见烛亦复然。若遇无事，终日不离几案。苟能如此，一生永不会向下，作下等人，如见他事，自然不妄。吾二年来，目力极昏，看小字甚难，然盛夏帐中，亦须读书，至极困乃就枕。不尔胸次歉然，若有未了事，往往睡亦不美，况昼日乎？若凌晨便治俗事，或冗或默闲坐，日复一日，于书卷渐远，岂复更思学问？如此不流入俗人，则着衣吃饭一呆子弟耳！况复博奕饮酒，追逐玩好，寻求交友，惟意所欲。有一如此，近二三年，远五六年，未有不丧身破家者。此不待吾言，知之则庶乎其远矣。

解题

本篇选自叶梦得《石林家训》。叶梦得，见 081“为人之子，不当欺亲”。

译文

早晨起床后，必须先读书三五卷，把主要内容弄懂后，才可以去做其他事情。晚上点起灯烛后仍需这样。如果没有什么其他事情，最好是整天用来读书。假如能够这样坚持下去，就一生都不会走向下流，就不会落入下等之人。如果对事情发表意见，自然不会虚妄。我这两年目力下降，看书中的小字很是困难，然而盛夏之中、睡觉之前仍要读书，直到困极才去安歇。如果不是这样，心中就不踏实，似乎总有未完成的事情需要去做，往往睡觉也不安稳。晚上尚且如此，何况白天呢？如果天亮之后便开始忙于俗事，或是匆匆忙忙，或是无事闲坐，日复一日，就会离书籍愈来愈远，哪里还会再去思考做学问之事？这样下去，即使不变成一个极俗之人，也是一个只知穿衣吃饭的呆子。如果加上赌博饮酒，追逐玩乐，寻求交友，随心所欲，就更危险了。上述诸行，有一种在身，近则二三年，远则五六年，没有不家破身亡的。这就不用我说了，知道这一点，就有希望免于灾难了。

读书贵刻苦。刻苦表现在何处？有人巧用三余，有人悬梁刺股，有人映月夜读，有人警枕夜读。叶梦得提出要利用早晚时间，这也不失为一个好办法。他自己的读书生涯也让我们起敬：一天晚上不读书，睡觉就不安稳。这是良好的习惯所造成的。教育你的孩子吧，让读书成为他的第二生命。

128. 归精神于读书

行者，居者，行迹各别，然理无二致也，日用功夫无二致也。汝兄在山中，若不能谢遣世缘，澄澈此心，或止游玩山水，笑傲度日，是以有限日期，作无益之费，即与在家何异？汝在家，若能忍节嗜欲，痛割俗情，振起十数年懒散气习，将精神归并一路，使读书务为心得，则与在山中何异？艰哉！艰哉！各自努力！

解题

本篇选自唐顺之《与二弟受之》。唐顺之，见 089“读书做人，须苦切检点自家病痛”。

译文

出外游学或隐居山林的人，同居家自学的人，尽管在形迹上有区别，但道理上是一样的，在日常生活中加强学习和磨炼也是一样的。作为兄长的我，在山中如果不能摆脱外界的干扰，不能使内心清明，或者只是游山玩水，以笑傲天下度日，以有限的光阴去做无谓的浪费，与在家里有什么不同？你在家中如果能够忍耐、节制各种嗜好与欲望，忍痛与俗情一刀两断，振作起十几年的懒散习气，将精神都归并到读书上来，使读书务必有收获，与隐居山林又有什么不同？难啊！难啊！各自努力吧！

评点

学习需要一定的条件，但优越的条件并不一定能使一个人学有所成，倒是那些在艰苦条件下努力为学的人，最终可成大器。

129. 苟为不学，流为禽兽

原文

无学之人谓学为可后。苟为不学，流为禽兽。吾之所受，上帝之衷，学以明之，与天地通。尧舜之仁，颜孟之智，圣贤圣德，学焉则至。夫学可以为圣贤、侔天地，而不学不免与禽兽同归，乌可不择所之乎噫！

本篇选自方孝孺《家人箴》。方孝孺，见 011 “少不笃行，老悔何追”。

不学无术的人认为学习并不重要。假如不学习，就同禽兽一样了。我们所学习的，都是上天的要旨，学明白了这些道理，才可以与天地相交流。尧和舜那样的仁，颜子和孟子那样的智慧，这些圣贤的盛德，我们通过学习，也可以达到他们的境界。学习可以成为圣贤，可以与天地并立，不学习就归入禽兽之流，人要向哪里变化怎么能不加选择呢？

评 点

对一个人来说，学习固然不是为了成为圣贤，我们所学的也不是上天的旨意，但我们努力学习，掌握尽可能多的文化知识，就会造福于人类，就会成为对人类有用的人，从这个意义上讲，也可以说是成为了圣贤，并可万古流芳。

130．少年易过，读书为要

多读书则气清，气清则神正，神正则吉祥出焉，自天佑之；读书少则身暇，身暇则邪间，邪间则过恶作焉，忧患及之。

通三才之谓儒，常愧顶天立地；备百行而为士，何容恕己责人。

方今多事，举业之外，更当进所学，碌碌度日，少年易过，岂不可惜。

打扫光明一片地，囊贮古今，研究经史，岂可使动我一念。

多读书，达观今古，可以免忧。

真心实作，无不可图之功。

解题

本篇选自吴麟征《家诫要言》。吴麟征，见 018“竹帛青史，岂可让人”。

译文

多读书就会元气清朗，气清就会神正，神正就会带来吉祥，苍天就会护佑；读书少便会身有余暇，身暇就会侵入邪气，人有了邪气就会作恶，忧患就会来临。

通晓天地人的学问才可以称得上是儒，他们常为自己活在世上无大成就而惭愧；具备各种品行技能的人才可以称得上是士，士最不能容许的是宽以待己，严以律人。

当今多事之时，在读书求举之外，还要更多学习，庸庸碌碌地度日，少年时代很容易便混过去了，那是多么可惜啊！

使心胸纯净、光明磊落，涵盖古今，深通经史，信念便不会轻易动摇。

读书多了，才可以对古今之事了然于心、达观于胸，才可以不作无谓之忧。

真心实意地去做，天下就没有不可达到的目标。

评点

勤学，首先是做人的第一要求。就像人要吃饭一样，你要上进，要生活，要发展，就必须学习，必须读书。读书不仅可使你有治家治国的本领，还可以加强修养，神清气明，成为一个高尚的人。

131. 学贵变化气质

原文

学贵变化气质，岂为猎章句、干利禄哉？如轻浮则矫之以严重，褊急则矫之以宽宏，暴戾则矫之以和厚，迂迟则矫之以敏迅。随其性之所偏，而约之使归于正，乃见学问之功大。以古人为鉴，莫先于读书。

解题

本篇选自庞尚鹏《庞氏家训》。庞尚鹏，见 019“玩物丧志，即为身家之蠹”。

译文

读书贵在改变自己的气质，岂是为了寻章摘句，求取利禄呢？如果自己轻浮，就要以严谨持重来矫正；如果自己度量狭小、性格急躁，就要以宽宏大量来矫正；如果自己性情暴烈乖戾，就要以温和厚道来矫正；如果自己性格迂腐迟缓，就要以明敏迅捷来矫正。按着自己性格的缺点而约束它，使它归于正途，才能看见学问的极大功效。以古人为鉴，莫过于先好好读书。

评点

读此家训，那些只知寻章摘句，以名言妙语装潢门面的人当无地自容。但这不要紧，现在改正还来得及。只要记住：“以古人为鉴，莫先于读书。”

132．少年学文，正宜直学旁讨

原文

少年学文，正宜直学旁讨。多读古书，多看时贤名笔，浸灌日久，范我驰驱，自是秀颖特达。不可自缚逸足，反慕驽马也！

解题

本篇选自陶望龄《寄弟书》。陶望龄，明万历十七年（1589）进士，殿试获一甲第三，授编修，官至国子祭酒。少有文名，后以讲学著称。

译文

青少年学习作文章，应该正面探寻，多方研讨。多读些古书，多看同时代名家的文章，时间长了，就会规范自己的文章，所做的文章自然就会出类拔萃。不能自己束缚自己的才能，而去仿效普通的东西。

评点

做文章、做学问也同做人一样，有好榜样，自然有大长进，反之，下落也快。这里指出，要做好文章，就要多读古名篇，即如今日，也是如此。

133．学之难亦易，不学易亦难

原文

天下事有难易乎？为之，则难者亦易矣；不为，则易者亦难矣。人之为学有难易乎？学之，则难者亦易矣；不学，则易者亦难矣。吾资之昏不逮人也，吾材之庸不逮人也，旦旦而学之，久而不怠焉，迄乎成，而亦不知其昏与庸也。吾资之聪倍人也，吾材之敏倍人也，屏弃而不用，其与昏与庸无以异也。圣人之道，卒于鲁也传之，然则昏庸聪敏之用，岂有常哉？

解题

本篇选自彭端淑《为学一首示子侄》。彭端淑，清代文学家，雍正时中进士，由吏部郎中出为广东肇罗道，不久辞官，回家乡四川讲学为生。《为学一首示子侄》勉励子侄刻苦学习，自求上进，是古今劝学名篇之一。

译文

天下的事情有难和易之分吗？做，难的也会变得容易；不做，容易的也变难了。人的学习有难与易吗？学习，难的也会变得容易；不学习，容易的也是难的。我天资愚笨，比不上别人；我才能平庸，比不上别人，但我天天学习，持久不懈，直至成功，也感受不到什么愚笨和平庸。我天资聪明，超过平常人一倍；我才能明敏，超过平常人一倍，但将它们扔在一旁，不去使用，就与愚笨、平庸没有什么差别。孔子的学说，最后却由被孔子称为“天性迟钝”的曾参传了下来。可知昏庸与聪敏的作用，不能一概而论。

学习知识也好，钻研学问也好，难与易、聪明与平庸，都是相对的，学则易，荒则难。这就要求我们发挥主观能动性，刻苦学习，奋发向上。彭端淑讲的这个道理，过去、今天，甚或一万年后，都是适用的。

134．不恃聪敏，自力向上

聪与敏，可恃而不可恃也，自恃其聪与敏而不学者，自败者也；昏与庸，可限而不可限也，不自限其昏与庸而力学不倦者，自力者也。

本篇选自彭端淑《为学一首示子侄》。彭端淑，见133“学之难亦易，不学易亦难”。

聪明与敏捷，可以依恃，又不可依恃，自恃聪明敏捷而不学

习，是毁掉自己；愚笨和平庸可限制人，又不能限制人，不受自己的愚笨与平庸的限制，力学不倦，才是依靠自己的力量、发挥最大作用的人。

评点

除了少数天资聪明者和天生痴呆者外，一般说来，人的智力是差不多的，只是有的人这方面突出些，有的人那方面出色些。从这点出发，只要学习，应该都会有所成就，关键在于不要高估自己，自恃聪敏；不要低估自己，不敢起步。

135．读书在于做人

原文

我虽在京，深以汝读书为念。非欲汝读书取富贵，实欲汝读书明白圣贤道理，免为流俗之人。读书做人，不是两件事。将所读之书，句句体贴到自己身上来，便是做人的法。如此方叫得能读书人。若不将来身上理会，则读书自读书，做人自做人，只算做不曾读书的人。

解题

本篇选自陆陇《示大儿定征书》。陆陇，清代大臣，康熙时进士，官至御史，治朱子之学有名。卒谥清献。

译文

我虽然在京城，却深深地挂念着你读书的事。我不是非要你靠读书去求取富贵，实在是要你通过读书明白圣贤的道理，以免成为世俗之人。读书与做人不是两回事。把所读的书句句都与自己的言行相联系，就是做人的法则。这样才可以被称为读书人。如果不与自己的言行结合，即是读书自读书、做人自做人，这样只能算是一个不曾读书的人。

读书在于做人，此千古不易之理。今天我们学习科技、语言、历史，归根结底，是要成为有知识、有爱心、有能力的对社会有用的人。父母不能不将此理教给儿女。

136．读书以精熟为贵

读书必以精熟为贵。我前见汝读《诗经》《礼记》，皆不能成诵。圣贤经传，与滥时文不同，岂可如此草草读过？此皆欲速而不精之故。欲速是读书第一大病，功夫只在绵密不间断，不在速也。能不间断，则一日所读虽不多，日积月累，自然充足。若刻刻欲速，则刻刻做潦草功夫，此终身不能成功之道也。

本篇选自陆陇《示大儿定征书》。陆陇，见 135“读书在于做人”。

在读书上最要注意的是要精熟。我以前见你读《诗经》《礼记》，都不能背诵。圣贤的经典，与时下的八股文不同，怎么可以如此草率读过呢？这都是只图快而不精熟的缘故。图快是读书的最大毛病，要使书读得好，只在于下功夫绵密不间断，不在快速。能够不间断，尽管一天读的书不多，但日积月累，自然会知识充实。如果时刻图快，就会时刻潦草，这是终身都不能成功的原因。

评 点

读书要有成就，只在精熟；要想作到精熟，只在勤奋不间断。贪多嚼不烂，最后什么也留不下来。

137．熟读精思，循序渐进

汝读书要用心，又不可性急。熟读精思，循序渐进，此八个字，朱子教人读书法也，当谨守之。又要思读书有何用。古人教人读书，是欲其将圣贤言语身体力行，非欲其空读也。凡日间一言一动，须自省察，曰：此合于圣贤之言乎？不合于圣贤之言乎？苟有不合，须痛自改易。如此方是真读书人。

本篇选自陆陇《示三儿宸征》。陆陇，见 135“读书在于做人”。

译文

你读书时要用心，不可性急。熟读精思，循序渐进，这八个字是朱熹老先生教人读书的方法，你应该认真遵守。另外还要想一想，读书到底有什么用。古人让人读书，是想让人去认真实践圣贤的言语，不是让人单纯读书的。白天的一言一行，都要自己反省审查，自问这件事合不合乎圣贤的话，如果有不合，就必须自己痛加改正。这样，才是真正的读书人。

评点

这句话教育孩子，自有特色。今天的父母也应以此来要求孩子：我白天的一言一行是否合乎社会公德，是否合乎法律要求，是否合乎师友期望。如有不合，痛加改正。此方为真正为孩子的将来考虑。

138. 读书须求识字

原文

尔等读书，须求识字。或曰：焉有读书不识字者？余曰：读一孝字，便要尽事亲之道；读一弟字，便要尽从兄之道。自入塾时，莫不识此字，谁能自家之道，一一体贴，求实致于行乎？童而习之，白首不悟，读书破万卷，只谓之不识字。

解 题

本篇选自孙奇逢《孝友堂家训》。孙奇逢，见 055“知耻则不忧”。

译 文

你们在读书时必须要追求识字。有人会问：“哪里有读书不识字的人呢?”我却认为：读到一个“孝”字，便要尽力去孝敬老人；读到一个“弟”字，便要尽力去爱护兄弟。小孩子刚入私塾学习，便没有不认识这两个字的，有谁能从自己身上一一地加以实践呢？儿童时学习的东西，到老时还不能领会，这样的人，即使读书破万卷，也只能算是不识字。

评 点

知，在于行；更多的知，在于更好的行。读书很多，只是手电筒式，只照别人不照自己，等于没读书。

139. 书卷乃养心第一妙物

原 文

书卷乃养心第一妙物。闲适无事之人，镇日不观书，则起居出入，身心无所栖泊耳。目无所安顿，势必心意颠倒，妄想生嗔，处逆境不乐，处顺境亦不乐。每见人栖栖皇皇，觉举动无不窒碍者，此必不读书之人也。古人有言：扫地焚香，清福已具，其有福者，佐以读书；

其无福者，便生他想。旨哉斯言，予所深赏。且从来拂意之事，自不读书者见之，似为我所独遭，极其难堪，不知古人拂意之事，有百倍于此者，特不细心体验耳。

解题

本篇选自张英《聪训斋语》。张英，见111“多求多欲，自然多苦少乐”。

译文

书籍是最好的养心之物。闲散无事的人，整天不读书，因此便起居出入，身心也没个着落。眼目没有地方安置，势必心意颠倒，妄想顿生。妄想便会生出怒气，不顺利的时候不高兴，顺利的时候也不高兴。见到一个人犹豫彷徨，一举一动没有不别扭的，这个人定是不读书的人。古人有话说：“扫地焚香，已具有了清福。真正有福的，是辅之以读书，没有福的，便生出其他的想头。”这话说的极好，我很是赞赏。况且在不读书的人看来，古往今来的不顺心事，似乎都让他一个人遇上了，真是难以承受。却不知道古人的不顺心事，比他的要大上百倍，只是他没有细心体验罢了。

评点

讲到加强个人修养，其要旨在于读书。读书，才会使你心胸开阔、鉴古知今。文雅二字，乃是先文后雅，无文，雅何由得来？张英谈到的关于顺心不顺心的话，我们仔细观察一下周围的人，也大有这样的人在。这些人总叹息自己运乖命蹇，却不去奋斗、不去读书，自然到老也无什么成就。

140．读书者不贱

原文

予之立训，更无多言，止有四语：读书者不贱，守田者不饥，积德者不倾，择交者不败。常将四语律身训子，亦不用烦言伙说矣。虽至寒苦之人，但能读书为文，必使人钦敬，不敢忽视。其人德性，亦必温和，行事决不颠倒，不在功名之得失、遇合之迟速也。

解题

本篇选自张英《聪训斋语》。张英，见111“多求多欲，自然多苦少乐”。

译文

我的训词并没有太多的话，只有四句：读书的人就不会轻贱，保住田产的人就不会饥饿，积德的人就不会倾覆，择友而交的人就不会败亡。常常以这四句话律己教子，就不必说更多的话了。即使是最贫寒穷苦的人，只要能够读书写文章，就必然会使别人钦敬，不敢轻视。这样的人，德性也必然温和，做事也不会违背道义，而不在功名的得失、运气来临的快还是慢。

评点

张英的话告诉我们，如果条件允许，多读书就会改变一个人的气质德性，就知守大节、知大义，就不会被人轻贱。

141. 学字当专一，忌飞动草率

原文

学字当专一。择古人佳帖，或时人墨迹与此笔路相近者，专心学之。若朝更夕改，见异思迁，鲜有得成者。楷书如端坐，须庄严宽裕，而神彩自然掩映。若体格不匀净，而遽讲流动，失其本矣。……每日明窗净几，笔精墨良，以白奏本纸临四五百字，亦不须太多，但功夫不可间断。纸画乌丝格，古人最重分行布白，故以整齐匀净为要。学字飞动草率，大小不匀，而妄言奇古磊落，终无进步矣。

解题

本篇选自张英《聪训斋语》。张英，见 111“多求多欲，自然多苦少乐”。

译文

学习写字应当专一。要选择古人的名帖或今人的佳作中与自己笔路相近的，专心学习。经常改换、见异思迁，便很少有能够成功的。楷书如同端坐一样，写得庄严宽裕，自然神采掩映。如果字体和格式不匀整，而急着去追求飞动，就失了根本了。……每天要在明亮的窗下、干净的桌几上，使用好笔好墨好白纸，临写上四五百个字，也不必太多，但功夫不可间断。纸要画上方格，古人最看重分行布白，因此整齐匀净是很重要的。写字最忌飞动草率。字体大小不匀，却要发出奇古磊落的大话，最终是不会有什么进步的。

评点

书法之道，贵在专一，贵在功勤。今人如没有张英之子的条件，即使用普通的笔墨纸张，勤加练习，也能写出好字来。大书法家舒同不就是在行军打仗的间隙，在衣襟上、沙地上，以手指、树枝勤加练习，最终成为大家的吗？要点在于专一不草率而已。

142．读书必加温习

原文

我愿汝曹将平昔已读经书视之如拱璧，一月之内，必加温习。古人之书，安可尽读？但我所已读者，决不可轻弃，得尺则尺，得寸则寸，毋贪多，毋贪名，但读得一篇，必求可以背诵，然后思通其义蕴，而运用之于手腕之下，如此则才气自然发越。若曾读此书而全不能举其词，谓之画饼充饥；能举其词而不能运用，谓之食物不化，二者其去枵腹无异。汝辈于此，极宜猛省。

解题

本篇选自张英《聪训斋语》。张英，见 111“多求多欲，自然多苦少乐”。

译文

我希望你们把已经读过的经书看成是美玉一样，一个月之内，必须加以温习。古人的书，哪里可以读得完呢？但只要是已经读过的，就决不能轻易丢弃。学得多少，就是多少，不要贪多，不要贪名。只要读到一篇，就必须要背诵下来，然后再思考它的意义与内涵，最后用到自己的文章中、行动上。这样，才气才可以自然地加以发展。如果读到一本书，书中的词句都背不出来，可称之为画饼充饥；能够背出词句，却不能运用，就叫做食物不化，这二者跟饿肚子没有什么区别。你们在这方面，应赶快省悟！

评点

如今已经不是读私塾、背经书的时代了，但“学而时习之”仍是必要的。家长也好，孩子也好，应该注意把以前学习的东西随时加以巩固，“温故而知新”，这样基础才会牢固，才能掌握更多的东西。

143. 读文作文，格调为先

原文

作文不可草草塞责。一题入手，先讲求书理极透彻，然后布格遣词，须语语有着落，勿作影响语，勿作艰涩语，勿作累赘语，勿作雷同语。凡文中鲜亮出色之句，谓之调。调有高卑，疏密相间，繁简得宜处，谓之格。

此等处最宜理会。深恼人读时文累千累百而不知理会，于身心毫无裨益。夫能理会，则数十篇百篇已足，焉用如此之多？不能理会，则读数千篇，与不读一字等，徒使精神昏乱，临文捉笔，依旧茫然，不过胸中旧套应付，安有名论精理佳词妙句奔汇于笔端乎？……每见汝曹读时文成帙，问之不能举其词，不能言其义，粗者不能，况其精者乎。自诳乎？诳人乎？此绝不可解者，汝曹试静思之，亦不可解也。以后当力除此等之习，读文必期有用，不然宁可不读。

解题

本文选自张英《聪训斋语》。张英，见 111“多求多欲，自然多苦少乐”。

译文

写文章不可草率应付。一个题目拿到手，先要追求说理透彻，然后再布置格式、遣词造句，文章必须每一句话都有着落，不要有大话，不要有晦涩难懂的话，不要有多余的话，不要有雷同的话。凡是文中明鲜出色的句子，都叫做调。调有高有低。疏密相间、简繁合适的地方，叫做格。这些地方最要认真。我最看不惯的，是有人读时文（八股文）成百上千，却不知求领会，对于身心毫无裨益。如能领会，读百数十篇就足够了，哪用读那么多？不能领会，即使读数千篇，也如同一个字不读一样，白白地使精神昏乱，临到提笔作文时，仍然茫然无措，只好用胸中的旧套套应付，这样怎么会有精妙的理论、绝佳的词句出现于笔下呢？……我经常见你们成卷地读时文，问起来却又不能背出其中的词句，也说不出文中的含义。粗的方面都做不到，何况体会其精华呢？这是欺骗自己呢？还是欺骗别人呢？这样做，是绝不可能理解的，你们静下心来想一想亦是不可能理解。以后要力除这种读书习惯，读时文必须要有用，不然的话，宁可不读。

评点

这段话提到的读文章、写文章的方法很有借鉴意义。其中关于作文不能有大话、艰涩话、累赘话、雷同话的见解，关于文章格调的见解，关于如何体味他人文章的见解，也适合于今天的学生读书作文。

144. 学诗不能入手即染邪气

原文

所做诗则不佳，盖缘初入手即染邪气，不能洗脱，虽天分好处偶亦发露，然亦希矣。必欲此事，非取古大家之作潜心一番不能有所成就。近体只用吾选本。其间各家门径不同，随其天资所近，先取一家之诗熟读精思，必有所见。然后又及一家，知其所以异，又知其所以同。同者必归于雅正，不着纤毫俗气。起复转折，必有法度，不可苟且牵率，致不成章。至其神妙之境，又须于无意中忽然遇之，非可力探。然非功力之深，终身必不遇此境也。

解题

本篇选自姚鼐《与伯昴从侄孙一首》。姚鼐（1732—1815），清代大臣、学者。他乾隆二十八年（1763）中进士，官至礼部主事，会试同考官。参加编纂《四库全书》。辞官后以讲学为生，是桐城派的重要领袖。在这篇写给从侄孙伯昴的信中，他主要教育伯昴怎样写诗。

译文

所写的诗不太好，大概是因为初学写诗就染上邪气，不能摆脱，虽然偶然露出一些才华，但是也很少见。你一定要学习写诗，就必须潜心学习古代大家的经典作品，不如此就不能有所成就。近体诗只可用我的选本（按指《今体诗钞》）。古今诗家门径各异，你可按与自己天性接近的，先取一家，将他的诗熟读、精思，必会有所领会。然后再学另一家，了解他们为什么不同，又为什么相同。他们相同的地方必定归结到雅字之上，没有一点俗气。诗的起覆转折都要有一定的法度，不要牵强草率，以致不成篇章。而至于其神妙之境，又必须在无意中偶然悟到，不是下力气就可以探寻得到的。然而如果功力不够深厚，则终生也难遇到此种境界。

评点

姚鼐强调学诗入手须正，不能“初入手即染邪气”。要先读名家之作，分析异同，发现规律。不仅作诗，做人也须“入门须正”。幼年沾染上坏习气，老大之时也改不掉，这点尤应记住！

145. 读书在进德修业

原文

吾辈读书，只有两事：一者进德之事，讲求乎诚正修齐之道，以图无忝所生；一者修业之事，操习乎记诵词章之术，以图自卫其身。

解题

本篇选自曾国藩道光二十二年（1842）九月十七日《致澄弟沅弟温弟季弟》。曾国藩，见 026“读书只在立志真”。

译文

我们这些人在读书上，只有两个方面的要求：一是进德，就是要讲求诚意正心修身齐家的道理，以图不辜负天地父母；二是修业，就是要熟悉写作诗词文章的本领，以图维护自身生活。

评点

进德与修业也是今天的青少年应该注重的主要方向。进德，就是要继承中华民族的优秀传统美德，成为一个诚实、谦虚、勇敢、热爱人民、热爱学习的好青年；修业，就要认真学习，掌握好各种基础知识和专业知识，为社会进步服务。这两个方面做好了，这样的青年就是有理想、有道德、有文化、有纪律的好青年，就是父母的好后代，就是国家和民族振兴的希望。

146. 读书贵有志、有识、有恒

原文

盖士人读书，第一要有志，第二要有识，第三要有恒。有志则断不甘为下流；有识则知学问无尽，不敢以一得自足，如河伯之观海，如井蛙之窥天，皆无识者也；有恒则断无不成之事。此三者缺一不可。

解题

本篇选自曾国藩道光二十二年（1842）十二月二十日《致澄弟沅弟温弟季弟》。曾国藩，见026“读书只在立志真”。

译文

读书人在读书时，第一要有志向，第二要有见识，第三要有恒心。有远大的志向，就绝对不会甘心于平庸卑下；有见识就知道学海无涯，不敢因为一知半解而自满自足，如同河伯观看大海、井底之蛙窥测天空一样，都是无见识之人的行为；有恒心，就绝对没有做不成的事情。这三者是缺一不可的。

评点

一条平常的河流在发洪水时，两岸不能相望，河伯就以为自己很了不起，以为大海也不过如此，等他见到大海，才感到自己的浅薄；井中之蛙窥测天空，以为天也只有井口那么大。愿今日的青少年不做河伯与井蛙，读书时做到三有，这样才会有所得，有所成。

147. 读书如攻贼，非可侥幸

原文

读书如攻贼，非可侥幸得果者也。多读乃是根本之图，六经无论矣，余如老庄，如史记，如前后汉书，如通鉴，如韩柳欧苏等集，均为不可不读之书。多读则气盛言宜，下笔作文便彷佛有神助，否则干枯拙塞，勉强成篇，亦索索无生气，不足登于大雅之堂也。

解题

本篇选自胡林翼《致叔华侄书》。胡林翼，见 030“勉图上进，为家族光”。

译文

读书就像攻打盗贼一样，不是凭侥幸就可以取得成功的。多读是最根本的道路，六经就不说了，其他如《老子》《庄子》《史记》《汉书》《后汉书》《资治通鉴》，以及韩愈、柳宗元、欧阳修、苏东坡等人的文集，均为不可不读之书。书读得多了，就会文气旺盛，用语合宜；下笔作文就会像有神灵帮助一样，否则就会才思枯竭，文笔不畅，即使勉强成了文章，也是毫无生气，难以登上大雅之堂。

评点

作者的读书经验值得学习。确实，在学习上，只有多读，才能多思，才能文笔畅达，此即“熟读唐诗三百首，不会作诗也会吟”之谓也。

148．读书须勤，然亦须有分寸

原文

有欲为吾侄告者，读书须勤，然亦须有分寸。吾侄身体本不甚健硕，若再焚膏继晷，孜孜矻矻，则损害其身。身体一弱，则虽有志进取，而亦夺于精力不继，读亦不能记忆，有何益哉？

解题

本篇选自胡林翼《致叔华侄书》。胡林翼，见 030“勉图上进，为家族光”。

译文

还有一点想要告诉你的，就是读书要勤，但也要注意身体。你的身体本来就不太健壮，如果再夜以继日地刻苦学习，毫不松懈，那将对身体造成很大的损害。身体不健壮，虽然有进取的志向，但受精力不足的限制，读的书也记不住，又有什么用呢？

评点

现实生活中，因读书太刻苦而损坏身体的事儿，到处都有。其实，保有一个好身体，是做好一切事情的前提。望家长千万注意，在严督孩子学习的同时，也要注意分寸，更要教他们锻炼身体。否则受害不浅，后悔何及！

149. 读书要目到、口到、心到

原文

读书要目到、口到、心到。尔读书不看清字画偏旁，不辨明句逗，不记清头尾，是目不到也。喉、舌、唇、牙、齿五音，并不清晰流利，朦胧含糊，听不明白，或多几字，或少几字，只图混过，就是口不到也。经传精义奥微，初学固不能通，至于大略粗解，原易明白，肯用心体会，一字求一字下落，一句求一句道理，一事求一事原委，虚字审其神气，实字测其义理，自然渐有所悟。一时思索不得，即请先生解说；一时尚未融释，即将上下文或别章别部义理相近者反复推寻，务期了然于心，了然于口，始可放手。总要将此心运在字里行间，时复思绎，乃为心到。

解题

本篇选自左宗棠《致孝威、孝宽》。左宗棠，见031“读书作人，先要立志”。

译文

读书要眼到、口到、心到。你们读书没有看清字的笔画偏旁，没有辨明文句的停顿，没有记清文章的头尾，这就是眼不到。喉、舌、唇、牙、齿各部位的发音，不是清晰流利，而是朦胧含糊，让别人听不明白，或者多几字、少几字，只求蒙混过关，这就是口不到。经传中的精深思想，初学时当然不可能全懂，但大概的意思应该是容易明白的，稍肯用心体会，探求每个字的意义、每一句话的道理、每一件事的原委，虚字便要体会使用它时的神气，实字则要推测用它的道理，自然会逐渐有所收获。一时想不清楚的，就要请先生解说；暂时不能融会贯通的，就要将上下文或者是其他章节中与此义理相近的语句反复比较思考，务必要心中明白，口能复述，才可放下。始终要在字里行间用心，经常反复思考探索，这才是心到。

评点

这里提到的读书方法，不仅对古人适用，对今人也适用，尤其是从事社会科学研究的人。小学生正处在全面学习阶段，以此“三到”来要求他们，当会收到很好的效果。其中的“心到”尤为重要，不用心体会，只会摇头晃脑，读过便扔，最终仍不甚了了。这样大违读书求知的宗旨。

150. 读书用功，最要专一无间断

原文

我不在家，尔等在塾读书，不必应酬交接。外受傅，入奉母仪可也。读书用功，最要专一无间断。……屋前街道，屋后菜园，不准擅出行走。如奉母命在外，亦须速出速归。“出必告，反必面”，断不可任意往来。同学

之友如果诚实发愤，无妄言妄动，固宜为同类；倘或不然，则同斋割席，勿与亲昵为要。

解题

本篇选自左宗棠《致孝威、孝宽》。左宗棠，见031“读书作人，先要立志”。

译文

我不在家中，你们在塾中读书，不必应酬亲戚朋友。在外接受先生的教诲，入内遵从母亲的吩咐就可以了。读书用功，最重要的，是要专心如一，不能间断。……不准擅自到屋前大街和屋后菜园行走。如果奉母亲的命令出外，也要快去快回，“出必告，返必报”，绝对不准任意往来。同学如果诚实、用功，无妄言妄动，当然应引为朋友；倘若不然，即使同住，也要与之断交，切勿与他亲近。

评点

结交良友，可督促自己勤奋学习，诚实向善；结交恶友，可引诱自己荒废学业，欺诈为恶。家长也好，儿女也好，都应以此为诫。

151. 读书，方能明白事理

原文

尔年已渐长，读书最为要事。所贵读书者，为能明白事理，学作圣贤，不在科名一路。如果是品端学优之君子，即不科第，亦自尊贵；若徒然写一笔时派字，作几句工致诗，摹几篇时下八股，骗一个秀才举人进士翰林，究竟是什么人物？

解题

本篇选自左宗棠《致孝威书》。左宗棠，见 031“读书作人，先要立志”。

译文

你的年纪也渐渐大了，读书是最重要的事。读书之所以重要，就在于它能使人明白事理，学做圣贤，而不是为了科举功名。如果你是一个品行端谨、学业优秀的君子，即使没考上进士举人，也自然尊贵；如果只是会写一笔时髦书法，作几句对仗合韵的诗句，学会几篇流行的八股文，即使是骗到了秀才、举人、进士、翰林，也不能算是什么人物。

评点

古今有见识的人都反复强调，读书只能用来陶冶心性、明白事理，而不是用以求取功名、追求实利的。这段家训体现的仍然是这个意思。

152. 读书能令人心旷神怡、聪明强固

原文

读书能令人心旷神怡、聪明强固，盖义理悦心之效也。

若徒然信口诵读而无得于心，如和尚念经一般，不但毫无意趣，且久坐伤血，久读伤气，于身体有损。……近来世事日坏，都由人才不佳。人才之少，由于专心作时下科名之学者多，留心本原之学者少。且人生精力有限，尽用之科名之学，到一旦大事当前，心神耗尽，胆气薄弱，反不如乡里粗才尚能集事，尚有担当。

解题

本篇选自左宗棠《致孝威书》。左宗棠，见031“读书作人，先要立志”。

译文

读书能令人心旷神怡、聪明强固，可能是因为书中的道理愉悦心灵的缘故吧。如果只是信口诵读，心中没有体会，像和尚念经一样，不但毫无意趣，而且久坐久读，气血两伤，于身体有害。……近来世局日益恶化，都是因为人才不佳。人才之所以少，是由于专心去追求功名的学者多，而致力于探求事物本原的学者少。况且人生精力有限，都用来求取功名去了，一旦大事当前，心神耗尽，胆气薄弱，反不如乡下的秀才，尚能办成事情，尚能担起事业。

评点

本篇与“读书，方能明白事理”一样，都阐明了读书的真正功能是明事理、增聪明、做好人，而不是求功名、进科第。遗憾的是，古往今来，把读书作为升官发财敲门砖的人比比皆是。细察起来，他们除了做官发财外，别的一概不通，真是可笑复可叹。还有的人，读书是给人看的，是用来卖弄的，所谓“无实事求是之心，有哗众取宠之意”是也。这样的人，一遇上真正的读书人，自然是露出马脚，窘态百出。

153. 读书要循序渐进，熟读深思

读书要循序渐进、熟读深思。务在从容涵咏，以博其义理之趣，不可只做苟且草率功夫。所以养身者在此，所以养心者在此！府试、院试如尚未过，即不必与试。我不望尔成个世俗之名，只要尔读书明理，将来作个好秀才，即是大幸。

本篇选自左宗棠《致孝威书》。左宗棠，见 031“读书作人，先要立志”。

读书要循序渐进，熟读深思。务必要从容吟咏，以增加领会其道理的意趣，不可苟且潦草而过。读书之所以能养心、养身，根源全在于此！你如果还没有考过府里和省里的考试，就不必再考了。我不希望你得到个世俗的虚名，只要你读书明理、将来能够做个好秀才，就是万幸了。

这里讲的是学习方法。“循序渐进、熟读深思”，“从容涵咏，

以博其义理之趣"，应成为教子读书的要诀之一。不在这方面下功夫，不仅学不到什么东西，反而伤身伤气，后患无穷。

154．读书之道，贵在专一

吾弟之病，病在掘井太多，而皆不及泉。此后勿求博杂，当求专一。况读书之道，只有两件事：一为进德；一为修业。进德以诚正修齐为归宿；修业以谋生自卫为正鹄。农人竭耕耘之勤，虽岁荒必有所获；商贾尽运辅之谋，虽积滞必有所通。士果能黾勉其所学，何患不食禄于朝、教授于乡哉？所患者，但冀丰年，而不知稼穑之苦；但冀居奇，而不知贸迁之理，是与士之尸位素餐而无实学者何以异？是以学戒旁骛、学戒虚伪。吾弟知之，务必打起精神，专攻一经，专治一学，随时随地以"艺多不养身"自勉，以曾师"掘井太多"为炯戒，则事无不成矣！

本篇选自彭玉麟《致弟论修学方法》。彭玉麟，见 053"坚毅卓立，足敌强暴"。

你的毛病在于掘井太多却都没有到达泉水。自此以后，你不

要追求博杂，而要追求专一。况且读书之道只在两件事：一是进德，二是修业。进德以诚意、正心、修身、齐家为归宿；修业以谋生自卫为正确目标。农民勤劳耕耘，即使荒年也必有所收获；商人谋划贸易，即使有积压也必有所收益。读书人如果勉力学习，就不怕不为社会所用。只希望丰年，而不知耕种之苦；只知卖高价，而不懂贸易的道理，这与占据职位而不尽职守、白吃闲饭而没有实学的读书人有什么不同呢？所以说做学问最要禁戒旁骛和虚伪。你知道了这个道理，就务必要集中精神，专攻一经，专治一学，随时随地以“艺多不养身”勉励自己，以曾国藩先生“掘井太多”为鉴戒，这样就没有不能成功的事！

评点

为学“勿求博杂，当求专一”，这个道理值得铭记。当今时代，科学飞速发展，固然需有广博的知识，但真正要有所发展，则必要有专攻。曾国藩关于“掘井太多”的原话是：“用功譬若掘井，与其多掘数井而皆不及泉，何若老守一井，力求及泉而用之不竭乎。”当然，如果你的能力所及，每井都能及泉，掘井多口当更有益，如果不能这样的话，劝你还是深掘一井的好。

处世编

155. 谦虚为立世之本

原文

董生有云："吊者在门，贺者在闾。"言有忧则恐惧敬事，敬事则必有善功而福至也。又曰："贺者在门，吊者在闾。"言受福则骄奢，骄奢则祸至，故吊随而来。

解题

本篇选自刘向（约前 77—前 6）《诫子歆书》。刘向、刘歆（？—公元 23）父子均为西汉时的学者、文学家。他们受命整理古代典籍，父子相继，著述甚丰，在中国文化史上留下了不可磨灭的功绩。他们的治学精神也影响深远。

译文

董生（即董仲舒）曾说过："吊者在门，贺者在闾。"这是说家有忧患，就会小心谨慎地从事自己所做的事情，谨慎做事必有善功，福祉就会降临。董生又说："贺者在门，吊者在闾。"是说福至则变为骄奢，骄奢必会招致祸患，因此吊丧的也就随之而来了。

评点

这句话与老子的"福兮祸所倚，祸兮福所伏"有异曲同工之妙。无论何时何地，骄奢傲慢必招祸患，谦虚谨慎方可永不败亡。

156. 人之短长我不议

原文

吾欲汝曹闻人过失如闻父母之名，耳可得闻，口不可得言也。好论议人长短，妄是非正法，此吾所大恶也，宁死不愿闻子孙有此行也。汝曹知吾恶之甚矣，所以复言者，施衿结縭，申父母之戒，欲使汝曹不忘之耳。

解题

本篇选自马援的《诫兄子严敦书》。马援（前14—公元49），东汉初名将，他在汉光武帝刘秀麾下屡建战功，历任陇西太守、伏波将军。这封信是他在远征交趾（今越南）时，在军中写给侄子马严和马敦的。语气严峻恳切。

译文

我希望你们要像对待自己父母的名字一样对待别人的过失，耳朵可以听，口不可以说。好议论别人的短长，妄自褒贬朝廷政令法律，这是我最厌恶的。我宁死也不愿听到子孙有这种行为。你们已知道我十分厌恶这种行为，之所以这里又说一次，是要反复叮咛，重申长辈的诫言，以使你们不致遗忘。

评点

现在也有这样一些人，以议人长短、讥刺时政为乐，似乎不如此，便不能证明自己是忧国忧民之士。这些人应读读这句话，去浮返朴，多做实事，妥善处理人际关系。

157. 真伪不可掩，褒贬不可妄

原文

古人行善者，非名之务，非人之为，心自甘之。以为己度，阨易不亏，始终如一。进合神契，退同人道，故神明祐之，众人尊之，而声名自显，荣禄自至，其势然也。又有内折外同，吐实怀诈；见贤则暂自新，退居则纵所欲；闻誉则惊自饰，见尤则弃善端。凡失名位，恒多怨人而害善，怨一人则众人疾之，害一善则众人怨之，虽欲陷人而进己，不可得也，只所以自毁耳。顾真伪不可掩，褒贬不可妄，舍伪从实，遗己察人，可以通矣；舍己就人，去否适泰，可以弘矣。贵贱无常，唯人所速。苟善，则匹夫之子可至王公；苟不善，则王公之子反为凡庶，可不勉哉！

解题

本篇选自姚信《诫子书》。姚信，三国时吴人，生平不详。

译文

古时行善的人，不是为追求名声，也不是受人指使，而是自己情愿去做的。他们以行善来完善自己，不管是困厄还是平易，都始终如一，未有亏累。他们进合于神的意志，退合于人间的道理，因此神明护佑他们，众人尊敬他们，由此声名自然显赫，富贵自然来到，这是势所必然的。相反有些人内心反对，却不表现出来；口中说老实话，心中却怀有机诈；见到贤人就表示改过，过后独处却又放纵私欲；听说有夸赞自己的，便马上自我修饰，受到指责便扔掉以前好的开端。但凡名声和地位受到损害，就埋怨他人，嫉害贤能。恨一人就会受到众人的厌恶，嫉害一人就会得到众人的怨恨，这样的人即使想要陷害别人、抬高自己，也是不可能实现的，只会因此而毁掉自己。不过真伪是不可掩盖的，褒贬是不可妄加于人的。去掉虚伪，服从真实，忘掉自己，明察他人，才可以通达；舍弃自己，帮助他人，远离邪恶，趋向通顺，才可以光大。贵贱无常，只看自己如何去做。行善，即使是普通人的儿子，也可以成为王公贵族；不行善，王公的儿子也可以沦为普通人，能不努力吗？

评点

在一个人的成长道路上，有很多成功的机会，也充满了无数的诱惑。你始终如一、固守好的开始，舍己为人、舍伪从实，自会得到大家的尊敬，成就一番事业。反之，表里不一、心怀奸诈、怨天尤人、妒贤嫉能，自会落入下流，声衰位去。这中间的区别，只在一个“真善”与否而已。

158. 交友之美在于得贤

原文

夫交友之美，在于得贤，不可不详。而世之交者，不审择人，务合党众，违先圣人交友之义，此非厚己辅仁之谓也。

本篇选自刘廙的《诫弟纬书》。刘廙（180—221），三国时魏国大臣，曾任侍中，封关内侯。他的弟弟与魏讽关系很好，他认为魏讽不可交，便写此信劝刘纬不要与之交往。后魏讽果被杀，刘纬也被捕，只是看在刘廙的面子上，才没有被杀头。

交朋友的好处在于能得到贤人，在这一点上不可不审慎从事。世上有些交朋友的人，不审慎地选择朋友，拉帮结派，违背了圣人关于交友的宗旨，这样不能使自己得到进益，建立宽仁之心。

交朋友应该慎重。与人结交危害最大的莫过于交上坏人作朋友。家长们应该用上面的话教育您的孩子，交朋友应该有助于自己上进，使自己厚道；相反，侠义兄弟、酒肉朋友都是不可取的。

159. 行事九思

及其用财先九族，其施舍务周急，其出入存故老，其论议贵无贬，其进仕尚忠节，其取人务实道，其处世戒骄淫，其贫贱慎无戚，其进退念合宜，其行事加九思。如此而已，吾复何忧哉！

本篇选自王昶《家戒》。王昶，见 062“孝敬仁义，百行之首”。

在财物的使用方面以九族为先，在施舍他人方面应救济最急需的，在出外归家时应先问候看望老人故友，在言谈话语中不宜随便贬损别人，在从政时应尊崇忠诚而有操守，在用人时务重实绩，在处世上应力戒骄傲和贪淫，在贫贱时不应感到悲哀，在揖让进退上都要合于日常规范，在做事前要反复思考。你如能照此去做，我就没有什么好担心的了。

这段话可称之为“立身十诫”。其中不排除有全身远祸的消极因素，但涉及为人处世应考虑的具体方面，对今人仍有借鉴意义。

160．恭为德首，慎为行基

恭为德首，慎为行基。愿汝等言则忠信，行则笃敬，无口许人以财，无传不经之谈，无听毁誉之语。闻人之过，耳可得受，口不得宣，思而后动。若言行无信，身受大谤，自入刑论，岂复惜汝？耻及祖考！

本篇选自羊祜《诫子书》。羊祜（221—278），西晋时大臣，官至尚书左仆射，有政绩，死后百姓曾立碑纪念他。在这篇家训中，他为儿子提出了道德修养的准则。

谦恭是品德之首，谨慎是行动之基。希望你们说话要忠信，行事要笃敬，不要拿钱财给人许愿，不要传播没有根据的话语，不要听信毁谤别人的言论。别人的过错，耳可以听，口不可传，要先思考后行动。如果你们言行不讲信义，受到别人的攻击，遭到刑法审判，谁还能怜惜你们？甚至连祖先父母都要蒙受耻辱！

评点

生活在当今时代的人，也要遵从忠信、笃敬、慎言这三条立身处世的原则。没有人不讲信义、反复无常、出言无忌还能立身久长的，即使他们可以得势于一时，终将被人们唾弃。我们教育子孙时，不能不从这几点讲起。

161．立身处世，当以清慎

清慎之道，相须而成，必不得已，慎乃为大。夫清者不必慎，慎者必自清，亦由仁者必有勇，勇者不必有仁。是以《易》称括囊无咎，藉用白茅，皆慎之至也。……凡人行事，年少立身不可不慎，勿轻论人，勿轻说事，如此则悔吝何由而生，患祸无从而至矣。

解题

本篇选自李秉《家诫》。李秉，魏晋时人，有才德，很受时人器重，曾官至泰州刺史。家诫中他告诫儿子为人立世要清廉、谨慎。

译文

清廉与谨慎二者是相辅相成的，如两者择一，则以谨慎为先。真正清廉的人不必谨慎，而谨慎的人必定清廉，就像仁德的人必定勇敢，而勇敢的人未必仁德一样。所以《周易》上说：闭口不言，灾祸不生；恭敬如祀，灾祸不兴。……普通人在处世上，年轻时立身不可不谨慎，不要轻易议论他人，不要轻易表明态度，这样就不会做出令自己后悔的错事，祸患也就不会产生。

评点

李秉告诉子孙，立身行事一定要谨慎，而谨慎才能清正。这一观点不仅对今天的家长教育孩子有益，对从业者乃至公务人员，也有借鉴作用。

162．远佞谀，近忠正

节酒审言，喜怒必思。爱而知恶，憎而知善。动念

宽恕，审而后举。众之所恶，勿轻承信。详审人，核真伪，远佞谀，近忠正。

解题

本篇选自李暠《手令诫诸子》。李暠（351—417），十六国时期西凉的建立者。他性情宽和，精通经史，天玺二年（400）占据敦煌、酒泉，自号凉公。他在手令中根据自己的人生经验，给儿孙讲了许多立身执政的道理。

译文

节制饮酒，出言谨慎，喜怒之际更要深思。自己所爱的要能认识其中不好的东西，自己所憎恶的要能分辨出其中好的东西。平时行事要记住宽恕二字，行动之前要反复思考。众人都加毁恶的，也不能轻易相信。对人要详加审察，考核其真伪，远离那些能言巧辩、阿谀奉承的人，接近忠心、正直的人。

评点

这段话讲的是如何为政，但今天用在与人交往方面，也有意义，尤其是话中提到的“爱而知恶，憎而知善”更应为我们所记取。要学会全面地看人，这样才不会为佞谀所包围，才会结交出真正相知的朋友。

163. 清约以行己

原文

汝其毋傲吝，毋荒怠，毋奢越，毋嫉妒；疑思问，言思审，行思恭，服思度；遏恶扬善，亲贤远佞；目观必真，耳属必正；诚勤以事君，清约以行己。

解题

本篇选自源贺《遗令敕诸子》。源贺（402—479），北魏大臣，太武帝时赐爵西平侯，后为陇西王，拜太尉。他年老辞官时，作此遗令，教育儿子。

译文

你要注意，不要自傲自大，不要放荡懒惰，不要挥霍无度，不要嫉妒别人；心有疑虑要勤于询问，言语议论要考虑成熟，行动举止要恭敬谨慎，服饰什物要符合礼俗；处世上要禁绝鄙恶、发扬善行，亲近贤能、疏远奸佞；观察问题上，眼睛看到的必须是真实的东西，耳朵听到的必须是忠正的东西；事奉君主要诚实勤谨，自己立世要清谦俭约。

评点

源贺在遗令中提出的“四思”“四毋”，基本可概括一个正直的人立身世上的基本准则，可谓言简意赅。另外，他强调的“目观必真，耳属必正”对于今天我们观察社会、分析事物也是有一定意义的。

164．优于我者，足可贵之

原文

吾生于乱世，长于戎马，流离播越，闻见已多；所值名贤，未尝不心醉魂迷向慕之也。人在年少，神情未定，所与款狎，熏渍陶染，言笑举动，无心于学，潜易暗化，自然似之；何况操履艺能，较明易习者也？是以与善人居，如入芝兰之室，久而自芳也；与恶人居，如入鲍鱼之肆，久而自臭也。墨子悲于染丝，是之谓矣。君子必慎交游焉。孔子曰："无友不如己者。"颜、闵之徒，何可世得！但优于我，便足贵之。

解题

本篇选自颜之推《颜氏家训·慕贤》。颜之推，见 005"有志者当勉学以就业"。

译文

我生长在兵马乱世，流离迁徙，见闻很多，但碰到著名的贤人，还是心醉神迷地羡慕。少年之人，心性与品行还不定型，在一起交游玩耍的人，即使你无意去学他，也会因日久熏染，而潜移默化地使你的言笑举止与他相似，何况节操、专长等显明而易于学习的东西呢？所以说，同善人一起居处，就如同进入养满芝草和兰花的花房，时间长了，自然你也有了芳香气；与恶人一起居处，就如同进入卖臭鱼烂虾的市场，时间长了，你身上也会有恶臭之气。墨子见到染丝的过程而发出"染不可不慎"的感叹，讲的就是这个道理。君子对于交友一定慎重。孔子说："没有比不上自己的朋友。"像颜回、闵子骞这样的贤人，哪里可能世代都有呢？只要是比自己优秀的人，都足可尊慕结交。

评点

中国古代的家训中，十分重视交游之类事情对子弟性情的改变，今天的家长对此也一定有很多感触。当你发现自己的孩子与不三不四的人来往的时候，当你的孩子增加了一些从前没有的怪语邪行的时候，你就应该警惕了！你不妨给他读读这段家训，让他与优秀的同学交朋友，这样才能进步。

165．不可窃人之美，以为己力

原文

用其言，弃其身，古人所耻。凡有一言一行，取于人者，皆显称之，不可窃人之美，以为己力；虽轻虽贱者，必归功焉。窃人之财，刑辟之所处；窃人之美，鬼神之所责。

解题

本篇选自颜之推《颜氏家训·慕贤》。颜之推，见005“有志者当勉学以就业”。

译文

采纳别人的建议而抛弃其人的行为，被古人所耻笑。但凡有一言一行采纳别人的意见，一定要加以明确称赞，不可窃取人家的长处来帮助自己成事；无论是多么轻贱的人，也一定要把功劳归于人家。偷窃别人财物要受到刑法惩罚，偷窃别人美名则要受到鬼神的谴责。

评点

盗名发展到今天，已不止于窃取一言一行这么简单了。以

“改编”之名，行抄袭之实；以职权之便，行剽窃之举……甚至有导师掠夺学生科研成果、导演侵占业余作者剧本等事。这样的人，应该扪心自问。鬼神是没有的，但良心总有吧。

166. 巧伪不如拙诚

吾见世人，清名登而金贝入，信誉显而然诺亏，不知后之矛戟，毁前之干橹也，虙子贱云：“诚于此者形于彼。”人之虚实真伪在乎心，无不见乎迹，但察之未熟耳。一为察之所鉴，巧伪不如拙诚，承之以羞大矣。伯石让卿，王莽辞政，当于尔时，自以巧密；后人书之，留传万代，可为骨寒毛竖也。

本篇选自颜之推《颜氏家训·名实》。颜之推，见 005“有志者当勉学以就业”。

据我所见，世上有些人以清廉著称，却收受财物；信誉卓著，却不履行诺言，他们不知道，后面的亏缺正在毁坏前面的声名。虙子贱说：“只要自己诚实，便能影响别人。”人的虚实真伪发自内心，无不表现在行动上，只是平常别人没有观察出来罢了。一旦被人识破，再工巧的虚伪也比不上笨拙的诚实，虚伪者要受到极大的羞辱。伯石（春秋时郑国大夫）推让卿的任命，王莽坚辞大司马的官职，在当时自以为做得巧妙周密、天衣无缝，但后人书写在历史上，传留于万代之后，其虚伪仍让人恶心得骨寒毛竖。

评点

古往今来，名实不符、表里不一的人多矣！为了将来少一点这样的人，应该对青少年进行诚实、守信、求真等品德方面的教育，这里提到的“巧伪不如拙诚”就是一句教子的金玉良言。有巧言令色、阳奉阴违等毛病的人应从中受一棒喝，及早回头，免致大羞。

167．君子处世，不徒高谈虚论

原文

士君子之处世，贵能有益于物耳，不徒高谈虚论，左琴右书，以费人君禄位也。国之用材，大较不过六事：一则朝廷之臣，取其鉴达治体，经纶博雅；二则文史之臣，取其著述宪章，不忘前古；三则军旅之臣，取其断决有谋，强干习事；四则藩屏之臣，取其明练风俗，清白爱民；五则使命之臣，取其识变从宜，不辱君命；六则兴造之臣，取其程功节费，开略有术，此则皆勤学守行者所能办也。人性有长短，岂责具美于六涂哉？但当皆晓指趣，能守一职，便无愧耳。

解题

本篇选自颜之推《颜氏家训·涉务》。颜之推，见005“有志者当勉学以就业”。

译文

有德行的读书人在处世上，以能行实事为上，而不应高谈阔论，附庸风雅，而虚居高位，食君之禄，不做实事。对国家有用的人才，大体上有以下六类：一是朝廷之臣，要求其通晓治国之术，善处各类政务；二是文史之臣，要求其在述事著史上明昭大法，以古为鉴；三是军旅之臣，要求其在军阵战事上果断爽利，有勇有谋，精明强干；四是藩屏之臣，要求其治理地方时明晓当地风俗，清廉爱民；五是使命之臣，要求其在出使外邦时机智权变，因时制宜，不辱使命；六是兴造之臣，要求其兴造工程时管理有方，节省费用，成就工程。这些材用对于勤学笃行的人来说，都是不难做到的。人的能力有大小，特长有不同，不可能让一个人对六个方面都很擅长，但只要通晓其主旨，做好其中一种，就可以问心无愧了。

评点

人贵于行实事，而不宜空谈。常见有些人对别人的工作指手画脚、说三道四，听起来也头头是道，但让他去做，就会比别人还不如。这种人只可称为“银样蜡枪头”。拼经济、创财富需要一大批精通专业知识的实干家，不需要夸夸其谈的事后诸葛亮。

168. 立身以孝悌为基，以恭默为本

原文

立身以孝悌为基，以恭默为本，以畏怯为务，以勤俭为法，以交结为末事，以弃义为凶人。肥家以忍顺，保友以简敬。百行备，疑身之未周；三缄密，虑言之或失。广记如不及，求名如傥来。去吝与骄，庶几减过。

解题

本篇选自柳玭《戒子弟书》。柳玭，见 075“门第高者，更须修己”。

译文

人生于世应该以孝敬长辈、友爱兄弟为基础，以谦恭有礼、不言人过为根本，以办事审慎、兢兢业业为要识，以勤于生业、俭于持家为法则，以交游结党为最次要的事，以背弃忠义者为凶恶之人。以忍耐、顺从使家族兴旺，以简淡、尊敬与朋友长保相知。具备了各种善行，还要反思哪些地方不周全；再三注意出言审慎，还要顾虑言出有失。见闻广博，还要像不知道一样。求取功名，不妨持达观态度。除去吝啬与骄傲，才可以期望减少过失。

评点

柳玭在这里提出了为人立身处世的几条原则。从主体上讲，

其精神是可取的。照此去做，成为一个正直、孝友、谨慎的人，是有希望的。

169．人非善不交，物非义不取

原文

知善也者，吉之谓也；不善也者，凶之谓也。吉也者，目不观非礼之色，耳不听非礼之声，口不道非礼之言，足不践非礼之地。人非善不交，物非义不取。亲贤如就芝兰，避恶如畏蛇蝎。……凶也者，语言诡谲，动止阴险，好利饰非，贪淫乐祸。嫉良善如仇隙，犯刑宪如饮食。……汝等欲为吉人乎？欲为凶人乎？

解题

本篇选自邵雍《戒子孙》。邵雍（1011—1077），北宋哲学家，自号安乐先生。这篇家训从儒家之道出发，要求子孙向善、避恶。

译文

知道善的人，就是所谓的吉人；不知善的人，就是所谓的凶人。所谓吉人，目不观不合于礼之色，耳不听不合于礼之声，口不说不合于礼之言，脚不踏不合于礼之地。不是善人不结交，不义之物不获取。亲近贤人，如同接近芝兰；躲避恶人，如同远离蛇蝎。……所谓凶人，语言诡诈，举动阴险，喜好钱财，粉饰丑恶。贪奢淫逸，幸灾乐祸。嫉恨良善，有如仇人相对；触犯刑律，有如饮食之繁。……你们想成为吉人呢？还是想成为凶人呢？

评点

这篇家训中有浓厚的封建礼教味道，但其中关于吉人、恶人的特征描写，以及要求子孙“人非善不交，物非义不取”不是也很有价值吗？

170．交游之间，尤当审择

原文

交游之间，尤当审择，虽是同学，亦不可无亲疏之辨。此皆当请于先生，听其所教。大凡敦厚忠信、能攻吾过者，益友也；其谄谀轻薄、傲慢亵狎、导人为恶者，损友也。推此求之，亦自合见得五七分，更问以审之，百无所失矣。但恐志趣卑凡、不能克己从善，则益者不期疏而益远，损者不期近而日亲。此须痛加检点而矫革之，不可荏苒渐习，自趋小人之域。如此，虽有贤师长，亦无救拔自家处矣。

解题

本篇选自朱熹《与长子受之》。朱熹，见 009“千里从师当奋然有为”。

译文

在交朋友方面更应该审慎选择，虽说是同学，也不可没有亲疏的分别。这些都应该向先生请教，聆听先生的教诲。一般说来，敦厚忠信、能指出自己过错的，才是有益的朋友；而那些谄媚轻薄、傲慢下流、引人做恶的人，则是有害的朋友。按这个标准去推求，大体上可以有个五七成的把握，如果再加上谨慎，就百无一失了。但是，如果自己志趣低下，不能努力向善，那么即使你不想疏远有益的朋友，人家也要离你而去；尽管你不希望与有害的朋友接近，也会与他们愈来愈亲。这上面需要痛加检查而加以改正，不可随时间的推移而养成习惯，自己投向小人的阵营。如果那样的话，虽然有贤明的师长，也没有办法挽救你了。

评点

在交朋友方面，选择那些正派的、能帮助自己进步的人为朋友，就会使你日新，日日新；而以恶人为伍，久而不知其臭，最后你也会成为一个恶人。这是问题的一方面。另一方面的问题是：自己志趣高尚，方有良朋益友；如自己志卑趣凡，益友将离心离德，恶人会不请自来。由此可知：自己能立大志、有善行，辅之以交益友、结良朋，你必会有一番作为。

171．言无轻信，言无轻传

原文

吾见人言，类不过有四：习于诞妄者，每信口纵谈，不问其人之利害，惟意所欲言；乐于多知者，并缘形似，因以增饰，虽过其实，自不能觉；溺于爱恶者，所爱虽恶，强为之掩覆，所恶虽善，巧为之破毁；轧于利害者，修造端谋，倾之惟恐不力，中之惟恐不深。而人之听言，其类不过二途：纯质者不辨是非，一皆信之；疏快者不计利害，一皆传之。此言所以不可不慎也。汝曹前四弊吾知其或可免，后二失吾不能无忧。……故将欲慎言，必须省事择交、每务简静，无求与事，令则自然不入是非毁誉之境……则是非毁誉之言亦不到汝耳。汝不得已而有闻，纯实者每致其思，无轻信；疏快者每谨其戒，无轻传，则庶乎其免矣。

解题

本篇选自叶梦得《石林家训·慎言》。叶梦得，见 081“为人之子，不当欺亲”。

译文

据我观察，人的言语大体上有四类：说话荒诞、虚妄成习的人经常是信口开河，不管别人的情况如何，只是想说什么就说什么；以自己见多识广而沾沾自喜的人，只根据表面上相似，就随意地加以夸大，虽然已是言过其实，自己还不知不觉；只根据好恶而说话的人，尽管喜好的很丑恶，也要拼命为之遮掩，尽管厌恶的很美好，也要想方设法地加以诋毁；喜欢造谣挑拨的人，往往是无事生非，诬陷别人唯恐力量不大，攻击别人唯恐伤害不深。人们听别人说话，也大体上分为两类：纯朴实在的人不辨别是非，什么都信；粗心敏快的人不计较利害，什么都传。这就是说话不可不谨慎的缘故。我知道你们可能不会沾染上前四害的毛病，但后二失你们却不能保证不犯。……所以，要想慎言，必须明白事理、挑选朋友，要注意简事静性，不要刻意参与，这样自然不会陷入是非之地，褒贬之词也不会到达你的耳中。如果你不得已而听到了，纯朴诚实的，就要弄清他的想法，不能轻信；粗心敏快的，就要端谨起警戒之心，不能轻传。这样，就可以免于受语言不慎的害了。

评点

在我们的生活中，飞短流长、阿谀吹捧，时时都可以见到。对当事者也好、旁观者也好，都应该是不轻信，不轻传。在听完一句话后，先要想想：说这话的人是何等样人？他说此话的动机是什么？我信了他的话会有什么后果？有此三问，自不会随声附和，更不会去再加传扬。

172. 慢伪妒疑，君子不为

原文

处己应物，而常怀慢心、伪心、妒心、疑心者，皆自取轻辱于人，盛德君子所不为也。慢心之人，自不如人，而好轻薄人，见己以下之人，及有求于我者，面前既不加礼，背后又窃讥笑，若能回省其身，则愧汗浃背矣。伪心之人，言语委屈，若甚相厚，而中心乃大不然；一时之间，人所信慕，用之再三，则踪迹露见，为人所唾去矣。妒心之人，常欲我之高出于人，故闻有称道人之美者，则忿然不平，以为不然；闻人有不如人者，则欣然笑快。此何加损于人？只厚怨耳！疑心之人，人之出言未尝有心，而反复思绎曰：此讥我何事？此笑我何事？则与人缔怨，常萌于此。贤者闻人讥笑，若不闻焉，此岂不省事？

解题

本篇选自袁采《袁氏世范·处己》。袁采，南宋时人，所作《袁氏世范》内容全面而详尽，当时便流传开来，被誉为《颜氏家训》之亚。

译文

为人处世，常常怀有傲慢、虚伪、嫉妒、怀疑之心的人，都是自取其辱，是有高尚品德的君子所不为的。怀有慢心的人，自己不如别人，却喜欢取笑别人，碰到不如自己的人，以及有求于自己的人，当面没有礼貌，背后又偷偷讥笑人家。这样的人，如果能够回过头来，反省一下自己的言行，就会惭愧到汗流浃背。怀有伪心的人，在言语上委曲求全，像是同别人很相知，但心中却不以为然；在短时间里，可能受到别人的信任，但时间长了，就会露出马脚，而受到人们的唾弃。怀有妒心的人，常常希望自己比别人高明，因此听到赞扬别人美好的话时，就愤愤不平，认为不是那回事；而听到别人有不如人之处时，就欣然而乐，心中大快。这对别人有什么损害呢？只能是加深别人对自己的不满罢了。怀有疑心的人，别人本来是无心而说出的话，他也要反复思虑细究：这是讥刺我的哪件事？这是取笑我的什么事？同别人结下仇怨，常常是由此萌芽的。贤明的人听到别人的讥笑，就像没有听到一样，这岂不是省却许多烦恼？

评点

无论何时何地，为人处世均应怀谦、真、诚、信之心，虚己待人，宠辱不惊。袁采的这段家训，把慢、伪、妒、疑之心的表现和危害说得很透彻了，你不妨对照一下，看自己身上有哪些表现。如有，可要尽早改掉，这样才有助于你处好人际关系，才会为自己创造一个和顺的生存环境。

173．忠信笃敬，先存在己

原文

忠信笃敬，先存其在己者，然后望其在人者。若在己者未尽，而以责人，人亦以此责我矣。今世之人，能自省其忠信笃敬者盖寡，能责人以忠信笃敬者皆然。虽然，在我者既尽，在人者亦不必深责。今有人能尽其在我者固善也，乃欲责人之似己，一或不满吾意，则疾之已甚，亦非有容德者，只益贻怨于人耳。

解题

本篇选自袁采《袁氏世范·处己》。袁采，见172“慢伪妒疑，君子不为”。

译文

忠诚、守信、专一、恭敬这些品行，先要自己尽力去做，然后才期望别人去做。如果自己没有尽力实行，却要求别人去实行，别人就会反过来责备你了。当今之世的人们，能够自己反省四种品德做的如何的大概很少，而以四种品德去要求别人的却有很多。即使自己去尽力实行，也不必过分要求他人去实行。现在有些人能够自己去尽力实行，这确实不错，但也要求别人像自己一样，一有不合自己意愿之处，就非常生气，这不是有气度的表现，只能是增加别人对自己的怨恨。

评点

这段话的前半段是正确的，后半段却有些消极。对于树立良好的德行、良好的风气，我们不光要从自己做起，也要要求他人去做，尤其是名人，以身作则是绝对必要的，也应该要求其他人一同努力。众人拾柴火焰高，要达到这一点，就必须一马当先，万马奔腾。

174. 人之有言，求谢而思改

原文

人有过失，非其父兄，孰肯诲责？非其契爱，孰肯谏谕？泛然相识，不过背后窃议之耳。君子唯恐有过，密访人之有言，求谢而思改；小人闻人之有言，则好为强辩，至绝往来，或起争讼者有矣。

本篇选自袁采《袁氏世范·处己》。袁采，见 172“慢伪妒疑，君子不为”。

一个人有了过失，如果不是自己的父母兄弟，谁会责备、教导你呢？如果不是自己的至交爱友，谁肯规劝指点你呢？泛泛之交的人们只会在背后悄悄地议论你。君子唯恐自己有过失，常常暗地访求别人对自己的意见，求得原谅，并思考如何改正；而小人一听到别人对自己的意见，则喜欢巧言辩护，有的甚至与人断绝来往，或者打起官司。

实际上，一切善意的人们都可能指出某个人的不足，岂止只是父兄契爱？关键在于听了别人意见之后的态度，是感谢别人的意见，立刻改正；还是狡辩胡编，忌恨别人。这就是思想道德境界高下的分别。

175．财物有失，不可妄猜疑人

居家或有失物，不可妄猜疑人。猜疑之当，则人或自疑，恐生他虞；猜疑不当，则真窃者反自得意。况疑心一生，则所疑之人，揣其行坐词色，皆若窃物，而实未尝有所窃也。或已形于言，或妄有所执治，而所失之物偶见，或正窃者方获，则悔将若何！

解题

本篇选自袁采《袁氏世范·治家》。袁采，见172“慢伪妒疑，君子不为”。

译文

在居家生活中，如果丢失了东西，不可以轻易猜疑别人。如果你的猜疑是正确的，对方会怀疑你已经发现他了，恐怕会生出别的祸患；如果你的猜疑是错误的，那么真正的盗窃者反而会很得意。何况一有疑心，被猜疑的人不管说话，还是行走、立坐，就像是偷了东西，其实他根本没有偷东西。如果你的猜疑已经说了出来，或者无凭据就把对方抓住问罪，而丢失的东西又找到了，或者真正的盗贼被抓获了，那你的后悔会有多么大呢！

评点

“丢了斧子”的寓言，我们是耳熟能详了。这里阐述的道理与其是一样的。我们尤其要教育孩子，丢了东西，不要随便猜疑别人。

176. 教人即是教己

原文

今受人子弟之托，须是以教人为急，自己事且放缓。

然教人读，即是我读；教人做文字，即如自做；教人解书，即是自解；教人熟记，即是自熟自记。教人便是自学。如此力行，不特人有长进，我亦自有长进。

解题

本篇选自陈栎《示子帖》。陈栎，元代人，此篇系其子受聘为教师时，他写给儿子的告诫。

译文

如今人家把子弟托付给你，应该是以教育他人为急要，自己的事情要放缓一些。其实教人家读书，就是自己读书；教人写文章，就是自己写文章；教人理解经典，就是自己理解；教人熟记课程，就是自熟自记。教人就是自学。这样去尽力实践，不光别人会有长进，自己也会大有长进。

评点

教与学原不是两回事，古人说“教学相长”，就是这个道理。这就要求教者在教人之前，自己先要理解，“以其昏昏，使人昭昭”是不可能成为好的先生的。另外又要求每个人都要向别人学习，不断充实自己。固步自封，永远不可能进步。

177．守得勤谨，万万无失

原文

每日早起晏眠，莫妄出，并与人闲说话、惹是非。

待学生必正色端庄。如此决不遭侮。须是勤而有常，谨而不敢轻易。能守得勤谨二字，万万无失。言语要简而当，从容而分明，最不要夸张妄诞。

解题

本篇选自陈栎《示子帖》。陈栎，见176“教人即是教己”。

译文

每天要早起晚睡，不要在外面乱跑，不要与别人说闲话，惹是非。对待学生必须要正色端庄。这样才不会受到学生的欺侮。应该是勤奋而有恒心，谨慎而不敢轻举妄动。能够坚持勤谨这两个字，就绝对不会有失误。说话要简短得当，态度从容，条理分明，绝对不要夸张荒诞。

评点

这里说的，是如何为师。其实何止为师，为人父母、为人兄姐，守得此训，自然会有新气象。

178. 不深责人，以厚处己

原文

人言相忤，遽愠以怒，汝之怒人，彼宁不恶？恶能兴祸，怒实招之，当忿之发，宜忍以思。彼言诚当，虽忤为益，忤我何伤，适见其直。言而不当，乃彼之狂，狂而能容，我道之光。君子之怒，审乎义理，不深责人，以厚处己。故无怨恶，身名不瘰，轻忿易忤，小人之为。为人所慕，实在君子，考其所繇，君子鲜矣。言出乎汝，乌可自为？以道制欲，毋纵汝私。

解题

本篇选自方孝孺《家人箴》。方孝孺，见011“少不笃行，老悔何追”。

译文

受到他人的语言冲撞，马上就不高兴以至发怒，你对他人发怒，他能不怀恨你吗？仇恨便能产生祸患，这实际上是你的怒气招来的，在心中有愤怒要发泄的时候，应加以忍耐，并认真思考：他的话如果是正确的，虽然顶撞了我，对我也是有益的，没有什么伤害，这正可看出他的直率；如果他的话不对，那就是他的狂妄，能够容忍别人的狂妄，正表现了我的坦荡无私。有道德的人，发怒应合于礼义，不应该对人太苛刻，对己太宽厚。这样才不会有人怨恨你，你的声名才不致受到损害。轻易发怒，经常顶撞别人，是小人的行为。别人所敬慕的，其实都是那些待人宽厚的君子。考察其理由，还是君子太少啊。话是你自己说的，怎么可以自以为是呢？应该以正道来制驭私欲，不要放纵自己的私心。

评点

在我们周围，稍不遂心便大发其怒的人实在太多了。一句话、一个手势、路上的冲撞、汽车的擦碰，都很容易导致恶语相向，甚至大打出手。这样的人应该记住：“恶能兴祸，怒实招之。”我们在发怒前，都要先想一想。想了之后，你的怒气也许不会那么旺。

179．勿轻于信，勿逆于疑

原文

听言之法，平心易气，既究其详，当察其意。善也吾从，否也舍之，勿轻于信，勿逆于疑。近习小夫，闺合嬖女，为谗为佞，类不足取。不幸听之，为患实深，宜力拒绝，杜其邪心。世之昏庸，多惑乎此，人告以善，反谓非是。家国之亡，匪天伊人，尚慎尔听，以正厥身。

解题

本篇选自方孝孺《家人箴》。方孝孺，见 011“少不笃行，老悔何追”。

译文

听别人的话的法则是要平心静气，既要听清全部的话，也要详察话中包含的意思，好的我就听从，不好的我就弃之不听，不要轻易相信人家的话，也不要反驳暂时还弄不清意义的意见。你所亲近宠爱的人，经常会向你进谗言，经常会对你说好话以企求你的宠爱，这都是不该听信的，如果不幸听了这样的话，就会带来很深的祸患，应该全力加以拒绝，堵塞他们的邪心。世上的昏庸之人，经常在这一点上看不清楚，别人告诉他的是良善之言，他却以为不是这样。如此之人，亡家亡国，就不是天意，而是自取了。你在听话方面可要仔细啊！这样才能使你的言行合于道理。

评点

如何听话，包括如何听各种消息，实在是大有学问。我们每天会从不同的渠道得到无数的消息，不加分析，不加鉴别，一概轻信，或一概排斥，就是蠢人一个。尤其是掌握有一定权力的人，尤应慎于听话，“勿轻于信，勿逆于疑”，如此才不致众叛亲离、孤家寡人，你的事业才会成功。

180. 慎为交友

师友当以老成庄重、实心用功为良，若浮薄好动之徒，断断不宜交也。

鸟必择木而栖，附托匪人者，必有危身之祸。

对尊长全无诚信，处朋侪一味虚矫，习惯既久，更一二十年，当是何物?

交游鲜有诚实可托者，一读书则此辈远矣，省事省罪，其益无穷。

待人要宽和，世事要练习。

人心日薄，习俗日非，身入其中，未易醒寤，但前人所行，要事事以为殷鉴。

居今之世，为今之人，自己珍重，自己打算，千百之中，无一益友。

世变弥殷，止有读书明理、耕织治家、修身独善之策。即仕进二字，不敢为汝曹言之，况好名结交、嗜利招祸乎！

俗客往来，劝人居积，谀人老成，一字入耳，亏损道心，增益障蔽，无复向上事矣！

解题

本篇选自吴麟征《家诫要言》。吴麟征，见018“竹帛青史，岂可让人”。

译文

选择师友，以老成持重、实心用功者为佳，如果是轻浮好动的人，是绝对不可结交的。

鸟雀都是选择树木而停居，依附于恶人的人必有危害自身的祸患。

对待尊长一点也不诚信，与朋友相处一味虚伪矫情，这种态度时间久了，一二十年后会变成什么样子呢？

游手好闲的人很少有可以托付大事的，一读书，这样的人就会远离你了，又省事又省得以后惹祸，好处是说不尽的。

对待别人要宽宏大量，世上万事要磨练熟习。

人心愈来愈不重情义，风俗也是日趋变坏，处在这样的环境中，自己往往不易醒悟，但时时要以前人的经历作为自己的借鉴。

处于今天这样的世道，作为今天的人，都应自己珍重，自己打算，因为千百个人之中，也难得有一个有益于己的朋友。

世道的变化更加动荡了，在这时只可以读书明理，耕织治家，修身独善。我甚至不敢向你们提到做官的事，何况好名结交、嗜利招祸呢！

与鄙俗的客人往来，他们往往劝别人囤积居奇，阿谀别人老成持重，这样的话如果听得入耳，就会阻碍善心的发展，阻碍你的提高，你也就不可能向上进取了。

评点

许多青少年，正是由于结交了不良的朋友，才走入了歧途。因此，家长教子择友，一定要把住“老成庄重、实心用功”这一关键，让这样的人成为你孩子的益友。

181. 宁人负我，无我负人

原文

处宗族、乡党、亲友，须言顺而气和。非意相干，可以理遣；人有不及，可以情恕。若子弟僮仆与人相忤，皆当反躬自责，宁人负我，无我负人。彼悻悻然怒发冲冠，讦短以求胜，是速祸也。若果横逆难堪，当思古人所遭更有甚于此者，惟能持雅量而优容之，自足以潜消其狂暴之气。

解题

本篇选自庞尚鹏《庞氏家训》。庞尚鹏，见 019“玩物丧志，即为身家之蠹”。

译文

与宗族、乡人、亲友相处，必须说话和气。别人不怀好意的冒犯，可以以理斥退；别人做得有不周到的地方，可以以情宽恕。如果家中子弟和仆人同别人发生争执，都应该反躬自责，宁可别人负我，不可我负他人。对方心有不平，怒发冲冠，庇护自己短处，以求取胜，是加速了祸患的来临。如若真的横暴相逼，难以忍受，则应该想一想古人的遭遇有比我更严重的。惟有以宽宏大量，优礼相待，才可以慢慢地消除其狂暴之气。

评点

邻里有争，多为些须小事，相互以情理相恕，自可消许多矛盾，大可不必积怨深重，以致刀斧相见。

182. 有为人尊信者须常请教

原文

宗族、亲戚、乡党有素重名义及多才识、为人尊信者，须亲就请教，不时问候。如有家事缓急，可倚以相济，且常闻药石之言，阴受夹持之益。若交游非类，济恶朋奸，是自陷其身也。恶嫉正人，厌闻正论，直待亡命破家而后悔，已无及矣。

解题

本篇选自庞尚鹏《庞氏家训》。庞尚鹏，见 019“玩物丧志，即为身家之蠹”。

译文

宗族、亲戚、乡邻中那些素来看重名声、道义，多有才识、为人自尊持重的人，应该常去请教、不时问候。这样如果家中出了什么事情，可以得到他们的帮助，并且可以经常听到对自己上进有帮助的话，暗中受到匡助上进的帮助。如果交游的不是正人君子，而是帮助恶人，以奸人为朋友，就是自己把自己推入陷阱之中。嫉恶正人君子，不愿意听到正直的话语，直到身亡家破之时，再要后悔，已来不及了。

评点

古人十分看重崇贤、交友之事。确实，这不仅关乎一个人的名声，也关乎个人或家庭的兴衰，即使今天，仍然如此。亲近贤人君子，远离奸人恶徒，应是家长训子的一大要言。

183．人须各务一职业

原文

人须各务一职业。第一品格是读书，第一本等是务农。外此为工为商，皆可以治生，可以定志，终身可免于祸患，惟游手放闲，便要走到非僻处所去，自罹于法网，大是可畏。劝我后人，毋为游手，毋交游手，毋收养游手之徒。

本篇选自姚舜牧《药言》。姚舜牧，见 017“人贵立志，磨砺益坚”。

各人都要从事一种职业。第一等的品格是读书，第一根本是务农。此外，从事工商也可以生活，可以定志，终身可免遭祸患。但只要游手好闲，便要滑入是非之处，便要自己落入法网之中，这一点大是可怕。我要规劝后人：不要成为游手好闲之徒，不要结交游手好闲之徒，不要收留游手好闲之徒。

人立志从事一种事业，然后专心去做就可以了。当然这其中可能有辉煌的成就，但也可能终生没有功效。这不要紧，关键是你努力做了。但如果游手好闲，求取虚名，那对个人品行的完善，没有丝毫好处。

184. 交接贵协于礼

亲友有贤且达者，不可不厚加结纳，然交接贵协于礼。若从未相知识者，不可妄援交结，徒自招卑谄之辱。且与其费数金结一贵显之人，不为所礼，孰若将此以周贫急，使彼可永旦夕，而感怀于无穷也。

解题

本篇选自姚舜牧《药言》。姚舜牧，见017“人贵立志，磨砺益坚”。

译文

亲友当中如果有贤明而且显贵的，应该好好来往，但在交往中应合于礼数。如果是从未认识的，就不可轻易去交结，以免自讨卑下谄媚之耻辱。况且与其拿出几两金银，去巴结一个显贵之人，不被人家以礼相待，不如把这些金银接济给那些贫穷急需的人，还可使他们生活下去，从而无限感激你。

评点

“交接贵协于礼。”这句话很重要。我们已见过许多慕名利结交豪富权势而自取耻辱的事，这点不能不加以注意。况且时下有些人，为了求职、升级、求钱，别说“不协于礼”，他们就连起码的脸面都不顾了。这些人不仅自取耻辱，也使民族蒙羞。今人教子，务应谨记。

185．睦族之次，即在睦邻

原文

睦族之次，即在睦邻。邻与我相比日久，最宜亲好，假如以意气相凌压，彼即一时隐忍，能无忿怒之心乎？

而久之缓急无望其相助，且更有仇结而不可解者。尝见有势之家，不独自行暴戾于家，偶乡邻有触于我者，辄加意气凌铄，此大非理。吾家小人家，自无此事。或后稍有进焉，亦宜加收敛。

解题

本篇选自姚舜牧《药言》。姚舜牧，见 017“人贵立志，磨砺益坚”。

译文

家庭、宗族和睦之后，就是睦邻了。邻居与我相比居住日久，最应该亲好。假如以个人意气相欺压，他即使一时隐忍了下来，能没有愤怒之心吗？久而久之，家中有了什么急难之事，也别想得到邻家的帮助，况且还有仇恨不可解开的呢！我曾见到有势力的人家，不仅在家中行残暴之事，乡邻偶尔触犯了他，也经常加以欺凌侵害，这非常没有道理。我们家庭是没有势力的人家，自然没有这样的事。但即使以后出了做官的人，也应该更加收敛。

评点

古语说：“远亲不如近邻。”是说邻居在你有什么急事时，可以马上相帮。由此愈可证明，处好邻里关系是相当重要的。睦邻之要，在于平时多交流，互通有无，互相周济；最忌相互猜忌，传布流言。相交以诚，自有好邻，离心日久，难免交恶。当今之世，农村好些，城市当中，各人自成一统，不注意邻里关系，此为一大遗憾。

186. 莫轻信人言，空做人情

原文

凡亲医药，须细加体访，莫轻听人荐，以身躯做人情；凡请师傅，须深加拣择，莫轻信人荐，以儿子做人情；凡成契券、收税册、大关节，须详加确慎，莫苟信人言，轻为许可，以身家做人情。

解题

本篇选自姚舜牧《药言》。姚舜牧，见017“人贵立志，磨砺益坚”。

译文

凡是与医药有关的事情，必须细防慎用，不要轻易相信别人的推荐，把自己的身体搭了进去；凡是为子女请教师，必须细加选择，不要轻易相信别人的推荐，把自己的儿子搭了进去；凡是签订契券文书、完税收册、事关重大的事情，必须详细地加以核实准确，不要匆匆地轻信别人的话，贸然加以许可，把自己的身家搭了进去。

评点

这里说的是择药须慎、择师须慎、订约须慎。确如所言，药不对症可能害命，师无才识误子一生，约券有误则可能丧身破家。即如今日，此三点亦不得不慎。

187. 朋友相交，取其长不取其短

原文

汝与朋友相与，只取其长，弗计其短。如遇刚鲠人，须耐他戾气；遇骏逸人，须耐他罔气；遇朴厚人，须耐他滞气；遇佻达人，须耐他浮气。不徒取益无量，亦是全交之法。

解题

本篇选自《温氏母训》。《温氏母训》是明代人温以介记录其母日常家训而成。温母早寡，抚养儿子长大，她对儿子的训诫，主要是些做人、治家、妇道等内容，语句虽然平易，内含不少做人道理。

译文

你与朋友们相处，只应着眼于他们的长处，不要计较他们的短处。如果遇到刚愎自用的人，须要忍耐他的暴烈之气；遇到风雅俊逸的人，须要忍耐他的恍惚之气；遇到朴实厚道的人，须要忍耐他的呆滞之气；遇到轻佻旷达的人，须要忍耐他的轻浮之气。这样做，不仅会受益无穷，也是保全朋友交情的良方。

评点

十全十美的人是没有的，一个人的优点当中往往也埋伏着性质相连的缺点。这就要求你能博采众长，摒弃众短，相交相知，才会使你有大长进。

188. 子弟读书之外，宜令练达

原文

世故多端，人情变态，虽圣贤正道自足立身，然不谙事机，则触处有碍。子弟读书之外，宜令练达，可以应众酬物，主张门户，但不可习于奸谲，同趋世风。如刁滑、如强梁、如贪诈、如欺公罔私、如巧文玩法，则入于狭邪小人之俦矣！

解题

本篇选自徐三重《家则》。徐三重，明代人，著有《明善全编》。

译文

当今世界，变故多端，而人情也变化无常，虽然根据圣贤的做人之道也可以安身立命，但不懂得事物的机变，往往会处处受到阻碍。以此之故，家中子弟除读书之外，还应该让他们在处事上熟练通达，这样才可以应酬日常客人，支撑门户，但不可以趋附世风，变得奸猾。如果流于刁顽奸猾、巧取豪夺、贪诈虚伪、欺骗公家、蒙混私人、巧作文章逃避法纪，就进入奸邪小人之流了。

评点

即使是今天的人，也应学一些处世之道，否则，空读一肚皮书，终是书呆子一个，亦不会为社会作出什么贡献。但学会处世，并不是要刁猾贪诈、虚伪对人，这一点，还是应该注意的。

189. 存好心行好事为立身之本

原文

士君子立身天地间，要存好心，行好事，骨肉恩爱，终不可薄。《大学》言："其所厚者薄，而其所薄者厚，未之有也。"尔当深味斯言，以尽立身之本。

解题

本篇选自杨爵《家书》。杨爵，明代人。

译文

读书人立身在天地之间，要存好心，做好事，骨肉恩爱到什么时候也不可淡薄。《大学》中说："其所厚者薄，而其所薄者厚，未之有也。"（要所亲厚的人薄情，要所薄情的亲厚，是不可能的。）你应当深入地想一想这句话，以尽为人之本。

评点

不要说素昧平生的人了，就是在自己的家庭中，也仍有亲情厚薄的情况出现。其实，在我们与同学、同事、师友、上下级之间搞好关系之前，首先还应处理好家庭关系。骨肉慈爱，方可内外和顺，事业有成。

190. 交友当远油滑近忠厚

原文

你两个年幼，恐油滑之人见了，便要哄诱你，或请你吃饭，或诱你赌博，或以心爱之物送你，或以美色诱你，一入他圈套，便吃他亏，不惟荡尽家业，且弄你成不得人。若是有这样的人哄你，便想吾的话，来识破他合你好是不好的意思，便远了他，拣着老成忠厚、肯读书、肯学好的人，你就与他肝胆相交，日与他相处，你自然成个好人，不入下流也。

解题

本篇选自杨继盛《谕应尾、应箕两儿》。杨继盛，见 020“人须要立志”。

译文

你们两个年纪还小，我怕油滑的人见了，便要哄诱你们学坏。他们或者请你吃饭，或者引诱你赌博，或者把心爱的东西送给你，或者用美女引诱你，一进入了他的圈套，就要吃他的亏，不光是要糟蹋光家业，还要弄得你做不成人。若真有这样的人哄你，就要想想我的话，识破他之所以和你好，是出于坏心，就要远离他，你们要选那些老成忠厚、肯读书、肯学好的人诚心相交，每日与这样的人相处，你自然会成为好人，不入下三滥的行列。

评点

这里提出了教唆人下流的常用手法。家长们以此诫子，方可使子女走正路，不入下流。

191. 与人相处第一要谦下诚实

原文

与人相处之道，第一要谦下诚实。同干事则不避劳苦，同饮食则勿甘甜美，同行走则勿择好路，同睡寝则勿占床席。吾宁让人，勿使人让，吾宁容人，勿使人容；吾宁吃人亏，勿使人吃吾亏；宁受人气，勿使人受吾之气。人有恩于吾，则终身不忘；人有仇于吾，则实时丢过。见人之善，则对人称扬不已；闻人之过，则绝口不对人言。人有向你说，其人感你之恩，则云他有恩于吾，吾无恩于他，则感恩者闻之，其感益深；有人向你说，某人恼你谤你，则云彼与吾平时最相好，岂有恼吾谤吾之理？则恼吾者闻之，其怨即解。人之胜似你，则敬重之，不可有傲忌之心；人之不如你，则谦待之，不可有轻贱之意。又与人相交，久而益密，则行之邦国，可无怨矣。

解题

本篇选自杨继盛《谕应尾、应箕两儿》。杨继盛，见 020“人须要立志”。

译文

与别人相处之道，首先要谦虚诚实。一同做事不避劳苦，一同饮食不贪甜美，一同行走不挑好路，一同睡觉不占床席。宁可我谦让别人，不使别人让我；宁可我包涵别人，不使别人包涵我；宁可我吃别人的亏，不使别人吃我的亏；宁可我受别人的气，不使别人受我的气。别人对自己有恩要终身不忘，别人对我有仇则马上忘掉。见到别人的优点，要不断赞扬；听到别人过错，则闭口不对人说。有人向你说某某人很感激你的恩情，就应说他有恩于我、我无恩于他，这样感恩者听说后会更加感动；有人向你说某人生你的气、诽谤你，则应说我与他平时最要好，怎么会生我的气、诽谤我？如此，生你气的人听到后，怨气会马上去掉。要敬重胜过你的人，不要有孤傲嫉妒之心；要谦待不如你的人，不要有鄙视轻贱之意。另外，与人相交要时间越长感情越深，这样推广到治邦治国，也不会招来怨恨。

评点

所言居家行止之道，字字从天理人情中体验而出，除不言人恶外，直可作做人之鉴。

192．疏则败事，褊则刻薄，傲则绝物

原文

弟与人执事亦颇竭忠，每乏周详之虑；临时事患难

险阻都所不辞，而不能为先事之计；间或以为吾大节无损，诸细行杂务，不留心无大害，然因此失事误人，因以失己者多有之，此则所谓“疏”也。疾恶如仇，辄形词色；亲友有过，谏而不听，遂薄其人；人轻己者，拂然去之；行有纤毫不遂其志，则抑郁愤闷，不能终朝，此诚褊衷，不可不化。其人庸流也，则以庸流轻之；其人下流也，则以下流绝之。岸然之气，不肯稍为人屈，遂因而不屑一世，凌轹侪辈，长此不惩，矜己傲物，驯致大弊。夫疏则败事，褊则邻于刻薄，傲则绝物而终为物绝，三者皆刚德之害，然皆自刚出之。倘能增美去害，则于古今人中要当自造一诣矣。

解题

本篇选自魏禧《与季弟书》。魏禧，见022“儿辈少壮，正好学问”。

译文

弟弟你为别人办事也很尽力，但在考虑事情上常常欠周详；碰到有事，艰难险阻都不推辞，但不能谋于事先；有时你自认为大节不坏，些须小事不加留心没有什么大害，却不知因此失事误人、最后误己的人多有存在，这就是所谓的“疏”。你嫉恶如仇，往往表现在脸色上；亲友有过错，规劝不听，便要轻视人家；而别人瞧不起自己时，便很不高兴地离开人家；做事上自己的意志有一点点不能实现，便抑郁愤闷，没有完结，这就是心胸狭窄，不可不改变。别人庸俗，便以人庸俗而轻视人家；别人下流，便因为人家下流而与之绝交。高傲威严之气，不肯去掉一点，于是因此而目空一切，欺压同辈。经常这样不加戒止，就会矜己傲物，逐渐带来大的害处。粗疏便要坏大事，狭隘则近于刻薄，高傲就会目空一切而终为外界所不容。这三者都是修养品德的大害，都是从刚直带来的。假如能够扩大好的一面，摒弃有害的一面，就会在人世间独立达到一个新的境界。

评点

每人都有自己的缺点，并且这种缺点是与他的长处相依相伴的，比如机智者难免弄巧、刚直者难免粗鲁、仁厚者难免懦弱、才高者难免自傲，等等。在这种情况下，就要增美去害，扬长避短，如此才能奋发有为，终成大器。

193. 为人处即是为己处

原文

为人处即是为己处，若事事预留把柄，使入其网罗，无能逃脱，其穷愈速，其祸即来，其子孙即有不可问之事、不可测之忧。试看世间会打算的，何曾打算得别人一点，真是算尽自家耳！可哀可叹，吾弟识之。

解题

本篇选自郑燮《雍正十年杭州韬光庵中寄舍弟墨》。郑燮（1693—1765），清朝著名书画家、诗人，号板桥。乾隆元年（1736）进士，历官山东潍县、范县县令，为官清廉，后因触怒上司，辞官归家，晚年穷困潦倒至死。墨，即他的堂弟郑墨。

译文

为别人打算，也就是为自己打算。如果事事预先都留下算计别人的把柄，使别人落入自己的罗网，没办法逃脱，那么他就会穷得更快，他的祸会来得更快，他的子孙就会遭遇到不可预料的祸事、不可解救的灾难。试看世间那些会打算的人，哪里曾打算到别人一点，都是把自己算计光了。可哀可叹，弟弟要记住。

评点

俗语有“与人方便，自己方便”，“留下道路给子孙走”，《红楼梦》有“机关算尽太聪明，反算了卿卿性命”，都可为本篇作脚注。

194．须以我容人，不求为人所容

原文

与人相与，须有以我容人之意，不求为人所容。颜子犯而不校，孟子三自反。此心翕聚处，不肯少动，方是真能有容。一言不如意，一事少拂心，即以声色相加，此匹夫而未尝读书者也。韩信受辱胯下，张良纳履桥端，此是英雄人以忍辱济事。

解题

本篇选自孙奇逢《孝友堂家训》。孙奇逢，见055“知耻则不忧”。

译文

与别人相处，必须有容忍别人的气度，不要求让别人包涵自己。颜回受到冒犯而不计较，孟子受到批评多次内省自身。自己心中安定，不起风波，才是真的能够容让。一句话不如意，一件事不顺心，马上就声色俱厉，反唇相讥，这就是未曾读书的粗鲁之人。韩信受胯下之辱不为所动，张良桥头为老人捡鞋恭敬如仪，这才是以容忍成就大事的英雄。

评点

一个人修养程度如何，在他受到不公正的对待和无知的冒犯、恶意的冲撞时，表现得最清楚了。真正有修养的人，应是无故加之而不怒，猝然临之而不惊。对素昧平生的人尚应如此，何况日常相交的人呢！

195. 取善之道，在于虚心博闻

原文

学不长进，病坐在不虚己。以舜之圣，而好察、乐善、释善；孔子之圣，四友、六侍、颜子之贤，而问不能、问寡。人之取善，岂有定方？善之所在，虽路人之言、臧获之智，皆当取之。取诸人乃所以与诸人也，故君子莫大乎与人为善。曲士俗学，只喜闻誉，恶闻过，遂自闭取善之门，而阻人乐告之路，德何由进？业何由修？所谓自弃者也。尔等以文会友，便是进德修业之时，莫只作书生雕虫小技也。以文会友，以友辅仁，文与仁有本末而非二事。与胜己者友，须先虚心，至听其言，与吾有未安处，宜平心思之；思之而未安，又须平心定气，与之相商，惟恐我见未完，未能尽其所长，则无不收师友之益矣，便是进德修业实际功夫。

解题

本篇选自孙奇逢《孝友堂家训》。孙奇逢，见055“知耻则不忧”。

译文

为学不能进步，病根在于不虚心。舜那样的圣人，还仍乐于观察，喜好善事，礼待善人；孔子那样的圣人，四友、六侍、颜回那样的贤人，还要请教别人。人的求善，没有一定的方式，只要有善存在，即使路人的话语、奴婢的意见，也应当听取。取之于人，是为了最后施之于人，所以与人为善是对君子的至关重大的要求。不成器的人、鄙俗的学生，只喜欢听别人的赞誉，不愿意听人言自己的过失，因而自己关上了求善的门户，阻断了别人规劝自己的道路，如此还怎么进德，怎么修业呢？这就是所谓的自暴自弃。你们以文会友，便是进德修业的时候，不要只作些寻章摘句的书生们的雕虫小技。以文章会朋友，以朋友辅仁德，仁德与文章是本与末的关系，而不是两回事。与比自己强的人交朋友，必须先自己虚心，认真倾听他的话，如果有与自己想法不一致的地方，应静下心来思考；思考之后仍不一致，更需平心静气地与朋友讨论，唯恐自己的看法不完善，没有领略对方意见的长处，就会收到以友为师的莫大益处，这便是进德修业的实际功夫。

评点

不仅与朋友，与任何人相处，都应虚心诚意。不虚心的人自以为是，夸夸其谈，别人的正确意见他也听不进去，长期下去，就会贻笑于大方之家。这一点确应慎之又慎。

196．欺人即是自欺

原文

慎独者，正慎其无自欺者也。古来自欺者莫过乡愿，故圣门痛斥之，众皆悦之。欺人也，自以为是欺己也，欺愈工而斫吾真也益甚，自非独勘独证，戒惧提醒，终无自谦之路。尔辈诱染未深，天机用事，宜蚤致审于欺谦之介。尚其勉之，昼夜勿忘。

解题

本篇选自孙奇逢《告诸子》。孙奇逢，见 055“知耻则不忧”。

译文

慎独，指的就是慎于不要欺骗自己。自古以来，欺骗自己的人莫过于那些乡里中言行不一、以为善欺世的人，故此圣贤的门徒加以痛斥，而普通的人却很喜欢他们。我认为，欺骗别人，也是欺骗自己，欺骗别人的方式越是工巧，败坏自己的本性越是厉害，如果不是独自检查，独自验证，自我加以戒惧提醒，最终也不会走上自谦之路。你们受社会坏风气熏染不深，还习惯按自己的天性来做事情，更应该早早地明审自欺与自谦的界线。你们要以此勉励自己，不管是黑夜，还是白天，都不要忘记。

评点

古语说："除却自欺便无病，除却慎独便无学。"可知人最大的毛病是自欺，最需要学习的是慎独。在今天的实际生活中，许多人往往不仅欺人，而且欺己，不仅暗中受贿，而且明抢豪夺。这些人应该明白，"欺愈工而斫吾真也益甚"，发展下去，天良泯灭，等待他的只能是法纪之绳。

197．朋友谏诤，积诚而动

原文

朋友谏诤，须求有济，不可自谓直谅，令人有难受之实，徒贻拒谏之名。忠告善道犹后，积诚而动，自令人不忍负。不信，未可轻言诤也。

解题

本篇选自孙奇逢《孝友堂家训》。孙奇逢，见055"知耻则不忧"。

译文

对朋友提意见，必须要对人家有帮助，不可自己认为是直爽诚恳，而使别人难以接受，白白让人家留下一个听不进意见的名声。规劝对方以从善之道还是其次的，满怀诚意地去劝说，自会使对方感到不忍辜负你的一片诚心。不诚心，就不要轻率地去劝他人。

帮助他人，也要讲究方式方法，要和风细雨，循循善诱；晓以大义，喻以利害；出之以诚，动之以情。这样不愁人家不接受你的意见。如果直来直去，出语突兀，难免会使人家感到突然而难以接受，一言不合还会闹矛盾。劝人之法不可不讲究，这条家训真有益处。

198. 少年宜慎交游

宜慎交游，不可与便佞之人相与。少年心性把握不定，或落赌局，或游狎邪，渐入下流矣。

子弟所当痛戒者，以不听父兄师长之言，及昵比淫朋之为最。盖择交不慎，则必导以骄奢淫荡之事，诱以贪利黩货之谋，而家风隳，人品坏矣。

本篇选自蒋伊《蒋氏家训》。蒋伊，清代人，所做家训多为持家谨行之论。

译文

在交游方面应该谨慎，不可与奸佞淫邪的人打交道。少年人心性把握不定，受到引诱，或赌钱，或狎邪，就会渐渐变成下流之人。

家中子弟最应痛加戒惧的，是不听父兄师长的话，以及沉溺于狐朋狗党。如果选择朋友不谨慎，就会被引导去干骄奢淫荡之类的事情，就会被引诱进贪黩利货的勾当上去，这样不仅败坏了家风，也毁坏了人品。

评点

择友当慎。有良朋则受益不浅，有恶友则受害不浅，即使你不入下流，朋友犯了事，你也要受到牵累。怎么办呢？交友先以慎，继以义。见有不义，马上绝之就可以了。

199．世家子弟，惟应敦厚谦谨

原文

古人云：与之齿者去其角，与之翼者两其足。天道造物，必无两全。汝辈既享席丰履厚之福，又思事事周全，揆之天道，岂不诚难！惟有敦厚谦谨，慎言守礼，不可与寒士同一般感慨欷歔，放言高论，怨天尤人，庶不为造物鬼神所呵责。况你父经营多年，有田庐别业，身则劳于王事、不获安享。为子孙者，生而受其福，乃又不思安享，而妄想妄行，宁不大可惜耶！思尽人子之责，报父祖之恩，致乡里之誉，贻后人之泽，惟有四事：一曰立品，二曰读书，三曰养身，四曰俭用。世家子弟原是贵重，更得精金美玉之品，言思可道，行思可法，不骄盈，不诈伪，不刻薄，不轻佻，则人之钦重较三公而更贵。

解题

本篇选自张英《聪训斋语》。张英，见111“多求多欲，自然多苦少乐”。

译文

古人说：“给了它牙齿的，就要去掉它的角，给了它两翼的，就要把它变成两只脚。上天造物，一定不是两全其美的。”你们已经享受了丰衣足食的幸福，又要想事事周全，从天道上来说，岂不是难上加难吗！你们惟有敦厚谦谨，慎言守礼，不像穷书生一样乱发感慨，怨天尤人，高谈阔论，才不会为上天和鬼神所斥责。况且父辈祖辈筹划营谋多少年才置有的田庐产业，却因自己要为国家做事而不能够享受。你们作子孙的，生下来就能享受这些福分，却又不想安享，去妄想妄行，不是太可惜了吗？要想尽到儿子的责任，报答父祖的恩情，得到乡里的赞誉，留给后人以恩泽，惟有做好四件事：一是立品（树立人品），二是读书，三是养身，四是俭用。世代为官的人家，其子弟原就受人贵重，如果能有像精金美玉一样的人品，开言说话想这话能说不能说，动身行事想这事该做不该做，不骄傲自满，不欺诈虚伪，不刻薄，不轻佻，这样别人敬重你就会比三公大臣还要高贵。

这里讲到的，是做官人家子弟如何对待家庭、对待自己的问题。确如所言，这些人生来享福，有机会获得别人得不到的一切东西：功名、利禄、田宅、珍玩。但他们之中，竟不知足、怨天尤人、骄傲自大、欺诈虚伪、刻薄轻佻者大有人在。这些人的长辈是否也应像张英在这里要求他的子孙那样，要求自己的子孙呢？

200．人生以择友为第一事

人生以择友为第一事。自就塾以后，有室有家，渐远父母之教，初离师保之严，此时乍得友朋，投契缔交，其言甘如兰芷，甚至父母妻子兄弟之言皆不听受，惟朋友之言是信。一有匪人厕于间，德性未定，识见未纯，断未有不为其移者。余见此屡矣，至仕宦之子弟尤甚。一入其彀中，迷而不悟，设有尊长诫谕，反生嫌隙，益滋乖张。故余家训有云：保家莫如择友。

本篇选自张英《聪训斋语》。张英，见 111“多求多欲，自然多苦少乐”。

译文

人生中以选择朋友为最重要。自从上学以后，直到成家，渐渐远离了父母的教训，脱离了老师的严教，此时碰上一个朋友，就会结成亲密的关系，朋友的话就像香草兰花一样甘美，甚至父母妻子兄弟的话都可以不听，而只听朋友的话。这时如果有心术奸恶的人混入其中，因为青年人德性未定，见识不深，就会被其移了本性。我对这些事见得多了，而做官人家的子弟更严重些。一时入了奸人的掌握，就会执迷不悟，此时如果父母师长加以谨谕劝说，反使他生出外心，更加变本加厉。因此我在家训中说："保家莫过如择友。"

评点

交朋友不是坏事，但贵在一择字。在人生二十岁前后，最爱结交朋友，此时知识大开，但性情未定，如果交友非人，就会使他渐渐走下坡路。如何识别朋友呢？还在于立品、读书、养身、俭用。能行此四者即为好朋友，反之就是坏朋友。

201．居家立身，最不可好奇

原文

人之居家立身，最不可好奇。一部《中庸》，本是极平澹，却是极神奇。人能于伦常无缺，起居动作、治家节用、待人接物，事事合于矩度，无有乖张，便是圣贤路上人，岂不是至奇？若举动怪异，言语诡激，明明坦易道理，却自寻觅怪，守偏文过，以为不坠恒境，是穷奇梼杌之流，乌足以表异哉！千古至味，朝夕不能离，何独至于立身制行而反之也？

解题

本篇选自张英《聪训斋语》。张英，见111“多求多欲，自然多苦少乐”。

译文

做人持家，最不可喜好奇异。《中庸》这部书，本来是极平淡的，却又是极神奇的。人如果能够做到人伦常理不缺礼数，起居动作、治家节用、待人接物，事事合于规矩，没有偏离，便是接近圣贤之道，这岂不是很神奇？如果举动怪异，语言诡激；明明是平易的道理，却自寻奇怪之处；固执己见，文过饰非，却以为这是坚守恒久之志，这就是穷奇、梼杌（古代两个凶恶的人）之流的人，岂止只是表现怪异呢？千古最好的味道，早晚都不能离开，为什么立身行事要反其道而行之呢？

评点

从平常处下功夫，所谓“洒扫应对，皆可精义入微”。其实，在我们的生活中，轰轰烈烈的事情能有多少呢？只要我们从我做起，从日常工作做起，从家人做起，从本公司做起，我们就会成为一个高尚的人，就会成为对人类有益的人。反之，追求奇异诡怪，如上文中所说那样，终与正路相背。

202．忍让足以消无穷之灾

原文

自古只闻忍与让足以消无穷之灾悔，未闻忍与让翻以酿后来之祸患也。欲行忍让之道，先须从小事做起。……每思天下事受得小气，则不至于受大气；吃得小亏，则不至于吃大亏，此平生得力之处。凡事最不可想沾便宜。子曰：放于利而行多怨。便宜者，天下人之所共争也，我一人据之，则怨萃于我矣；我失便宜，则众怨消矣。故终身失便宜，乃终身得便宜也。

解题

本篇选自张英《聪训斋语》。张英，见 111“多求多欲，自然多苦少乐”。

译文

自古以来，只听说忍让能够消除无穷的灾祸，没听说过忍让能够带来灾祸。要想实行忍让，必须从小事做起。……我经常想，天下之事，受得了小气，就不至于受大气；吃了小亏，就不吃大亏。这是我平生最受益不浅的。凡事尤其不可想占便宜。孔子说：“放于利而行多怨。”便宜这东西，天下人都是要争的，我一个人占了，众人的怨气就会集中到我身上；我丢掉便宜，众人的怨气就会消失。因此，终生丢掉便宜，就是终生得到便宜。

在名利面前，在人际关系上面，忍让二字尤其重要，见便宜即上，追名逐利，难免招怨，便宜亦不会久长。

203．知足不辱，知止不殆

凡我族党姻属，循循好礼，或朴茂无知，决不至渔利生事，以为乡曲芒刺。即有不足，吾周之当惟是视。若欲使人畏以鱼肉其里之人，吾宁身受之。吾闻天道神明，出尔反尔。本为身家，而非身家之长计；为子孙，而实子孙之祸胎。彼以为智莫智于此，吾谓实天下大愚也。知足不辱，知止不殆，古人岂欺我哉！

本篇选自吕维祺《广约族党姻属无渔利生事》。吕维祺，清代人。

宗族姻亲或是循礼行事，或是诚朴无知，但决不应为求取钱物而滋生事端，成为乡里之中的无赖。如果家用不足，我会加以周济，但要看他是否自己尽了力。如果是想使别人怕他进而在乡里无恶不做的人，我宁愿自己来承受他的凶暴。我听说，天道神明，出尔反尔。这种人本意是为自己和家庭谋利，但却不是使身家长存之计；本来是为子孙谋利，实际是为子孙留下了无穷的祸胎。他自己认为没有比这更聪明的了，我却认为这是天下最愚蠢的举动。知足的人不会受到侮辱，知道停止的人不会碰到危险。古人是不会欺骗我们的。

评点

“知足不辱，知止不殆”（出自老子《道德经》），这是经多少人的实践所得到的经验。有些人贪得无厌，有的人怙恶不悛，最终都难免蒙辱，或自身覆亡，或家遭破败。今天，我们仍要告诫人们，在私欲的满足上要善于知足，在不良的道路上要早做抉择，停步回头。如此则可少烦恼，则可成为对别人、对社会有用的人。

204. 虚心以择友，深心以读书

原文

吾侄隽才异度，先要立念真诚，断此病根。盖任意气，德行便不能沉着；务泛览，举业便不能专工。惟虚心以择友，深心以读书。矻矻穷年，守兹二戒，出而科名，则为纯臣；处而衡泌，则为名儒。

解题

本篇选自陆进《与九牧侄》。陆进，清代文学家，曾任温州训导。晚年之时，他写信给侄子陆九牧，以过来人身份，要侄子立念真诚，虚心择友。

九牧侄才华杰出，风度特异，先要立下真诚的信念，断绝这种（指意气用事、泛泛读书）病根。一般而言，意气用事，德行便不能沉着；泛泛读书，举业便不能成功。要虚心择友，潜心读书。终年勤劳不息，遵守这两个戒条，求取功名，则会成为忠臣；隐居乡间，会成为名儒。

这里提出的两个戒条，一是“立念真诚”，除去“任意气，务泛览”的病根；一是虚心择友，深心读书、长年不懈。应该说，它对今天的青年人，仍有教育意义。

205. 重与不重，视所自为

当世官家子弟，每盛气凌轹，以邀人敬，谓之自重，不知重与不重，视所自为。苟道德无愧于贤者，虽王侯拥彗不为荣，虽胥縻版筑不能辱。可贵者在我，在外者不足计耳。如必以在外为重轻，待人敬我我乃荣，人不敬我我即辱，则舆台仆妾，皆可以自操荣辱，组絛毋视太轻耶？先师陈白崖先生尝手题于书曰：“事能知足心常惬，人到无求品自高。”斯真标本之论。尔当录作座右铭，终身行之，便是令子。

解题

本篇选自纪昀《训次儿书》。纪昀（1724—1805），清代大臣、学者、文学家，字晓岚。乾隆十二年（1747）举人第一名，曾任翰林院侍读学士、礼部尚书、协办大学士，总纂《四库全书》，并主持写定《四库全书》总目二百卷，所著《阅微草堂笔记》为中国古代笔记小说精品。

译文

当今的高官子弟，经常盛气凌人，以希求别人尊敬，把这种作派称为自重，却不知受不受人尊重全在于自己的行为。假如思想与品德无愧于贤人，即使是王侯礼迎也不引以为荣，即使充作刑徒也不能使之耻辱。可使人高贵的东西全在自身，身外的一切都不值得考虑。如非要以别人的意志为重轻，人尊敬我，我就光荣；人不尊敬我，我即低辱，那么一切奴仆低下的人也都可以自己掌握荣辱了。这不是把自己看得太轻贱了吗？我的老师陈白崖先生曾亲自为我题字说："事能知足心常惬，人到无求品自高。"（做事能够知足，心中就常感到满足；做人能够无所希求，品味自会高雅。）这真是深刻的见识。你应把它录下来，作为座右铭，能终生照着做，就是我的好儿子。

评点

这里提到一个十分重要的做人警条："重与不重，视所自为。"就是要加强个人的道德修养，不要为别人对自己的褒贬所左右，更不能像这里提到的"宦家子弟"那样，以凌轹他人来求得他人的尊敬。这里提到的"知足""无求"当然自有其含义，但我们如果用它来限制自己对私欲的追求，不是也很有现实意义吗？

206. 士别三日，当刮目相待

原文

每见朋友中，自己吝于改过，偏要议论人过，甚至数十年前偶误，常记在心，每以为话柄。独不思士别三日，当刮目相待。舜跖之分，只在一念转移。若向来所为是君子，一旦改行，即为小人矣；向来所为是小人，一旦改图，即为君子矣。岂可一眚便弃，阻人自新之路。更有背后议人过失，当面反不肯尽言。此非独朋友之过，亦自己心地不忠厚、不光明，此过更为非细。以后会中朋友偶有过之，即于静处尽言相告，令其改图。即所闻未真，不妨当面一问，以释胸中之疑。不惟不可背后讲说，即在公会中，亦不可对众言之，令彼难堪，反决然自弃。

解题

本篇选自汤斌《语录》。汤斌，见109“彼此讲论，务要平心静气”。

译文

我经常见到，朋友之中，有的人自己不愿意改正过错，偏要议论他人的过失，甚至别人数十年前偶然犯下的过失，也记在心头，常常作为话柄。却独独不想士别三日，即当刮目相待。舜与跖（历史上的贤人和强盗）的不同，只在一个心念的变化而已。如果以前的作为都是君子，一旦改了行为，即成为小人；如果以前的作为是小人，一旦改过自新，即为君子。岂可因为一点瑕疵便离弃他人，阻拦别人的自新之路呢？更有人好在背后议论别人的过失，当面反而不肯直言。这就不仅是朋友有过错，也是自己心地不忠厚，不光明正大，这个过错更是不小。以后朋友中如偶有过失，就应该在私下直言相告，让他改正。如果听说的不确实，不妨当面问他一下，以解释心中的疑惑。不仅不应该在背后议论，就是在公共场合，也不可对众人公开，让别人难堪，反而会决绝地自我放弃。

评点

如何对待他人，包括朋友的过错，是考验一个人心地是否光明正大的试金石。不记人过，着眼现在，当面指正，期其改正，方为正确态度。

207. 做人须有宽和之气

原文

凡做人须有宽和之气，处家不论贫富，亦须有宽和之气，此是阳春景象，百物由以生长，所谓天地之盛德气也。若一向刻急烦细，虽所执未为不是，不免秋杀气象，百物随以凋殒。感召之理有然，天道人事，常相依也。

解题

本篇选自张履祥《训子语》。张履祥，号老圃，清代浙江桐乡人。

译文

但凡为人处世，都需有宽和的气度。在家庭中，不论穷富，也要有宽和的气象。这是一种阳春三月的景象，万物都靠它才能生长，这便是天地之间的旺盛生机。如果总是苛刻、急躁、烦琐、细碎，虽然所坚持的未必是错，也不免有一种秋风肃杀的气象，万物也就随之而凋落死亡了。感召的道理就在这里。自然现象和人际关系，常常是相依相伴的。

评点

做父亲的应读一下这段话。家庭之中，充满祥和之气，才会使生活充满欢乐。整天课督子女，板起面孔加以训诫，子女望而生畏，恐怕也与秋天气象差不多了。

208．人不可孤立

原文

人不可孤立，孤立则危。天下之尊，至于一夫而亡，况其下乎？一家之亲而外，在宗族当不失宗族之心，在亲戚当不失亲戚之心，以至乡党朋友亦如之，以至朝廷邦国亦如之。欲得其心非他，忠信以存心，敬慎以行己，平恕以接物而已。人情不远，一人可处，则人人可处，独病在吾有所不尽耳。……是以君子不求人，求己；不责人，责己。

解题

本篇选自张履祥《训子语》。张履祥，见207“做人须有宽和之气”。

译文

为人不可以孤立。孤立就会有危险了。像皇帝那样尊贵的人，孤立的时候就要灭亡，何况他以下的人呢！除了一家人的亲情以外，在宗族之中，应该不失掉同宗族人的心；在亲戚之中，应该不失掉亲戚们的心。其他如乡邻朋友是如此，朝廷邦国也是如此。要想得到众人的拥护，不靠别的，只是心存忠信，敬慎处己，与一个人能处好，便能与每个人处好，关键是自己做得如何。……因此有道德的人不求别人，反求于自己；不苛责他人，严于责己。

评点

中国的传统，十分重视人和，对孤立的谴责是较严厉的，传于今世的成语，与“孤”字有关的成语，大都有贬意，如“孤家寡人”“孤掌难鸣”之类。人不能孤立。要不孤立，就要去团结人。靠什么团结人呢？这里已告诉我们具体的办法，希望我们每个人都学会这一方法，严以处己，宽以待人，谨慎谦敬，如此则事事不孤，时时不孤。

209. 处世之道，树德不树怨

原文

处人伦事物之间，有顺有逆，即不能无德怨。自处之道，有树德，无树怨，固然也。人情则不可知。处之之道，我有德于人，无大小，不可不忘；人有德于我，虽小不可忘也。若夫怨出于己，当反己而与人平之。其自人施于我，则当权其轻重大小，轻且小者可忘，忘之；重而大者，报之为直，不能报为耻。要之，作事当慎谋其始，德不可轻受于人，怨须有预远之道，施德当体上天栽者培之之心，处人则念怨不在大，期于伤心之义。小如陵侮侵夺等类、大则义关伦纪者也。

解题

本篇选自张履祥《训子语》。张履祥，见207“做人须有宽和之气”。

译文

人生活在世上，有时顺利，有时艰难，但不能没有德怨之观。有树德，无树怨，应该是对自己的根本要求。但世态人情是不可知的，处世之道应该是：我对他人有恩德，不论大小都应忘掉；他人对我有恩德，尽管很小，也要牢记。如果怨恨是根源于自己，应该检讨自己的过错，与他人解释消散。如果怨恨是别人所发，就应该权衡怨恨的轻重大小，轻而小的忘记掉；重而大的，能够报仇为正直，不能报仇为耻辱。总而言之，做事情之前要谨慎计划好，不要轻易接受他人的恩惠，结怨他人应先策划好未来的办法，施他人以恩惠应该体会天地的栽培之心，与人相处要记住怨恨不在大小，主要是不能让人伤心。所谓小怨，是欺凌、侮辱、巧取、豪夺之类；所谓大怨，则是关于人伦、法纪大义的事情。

评点

人生在世，每个人都想搞好与他人的关系。怎样才能搞好呢？这段话给了我们很好的启示。以今天的话说，就是要努力帮助他人，不能结怨于他人。然而，生活总是有矛盾的，“怨”也随时会发生，关键在于“怨”是大还是小，事关法纪则不能保持沉默，些须小事何妨忘掉。如此则此生必会甚有人缘。

210. 无论贵贱，皆当亲贤远不肖

原文

人无论贵贱，总不可不知人，知人则能亲贤远不肖，而身安家可保；不知人则贤否倒置，亲疏乖反，而身危家败，不易之理也。然知人实难，亲之疏之亦殊不易。贤者易疏而难亲，不肖易亲而难疏，贤者宜亲，骤亲或反见疑；不肖者宜疏，因疏或至取怨。所以树之宜早。略举其要，约有数端：贤者必刚直，不肖者必柔佞；贤者必平正，不肖者必偏僻；贤者必虚公，不肖者必私执；贤者必谦恭，不肖必骄慢；贤者必敬慎，不肖必恣肆；贤者必让，不肖必争；贤者必开诚，不肖必险诈；贤者必特立，不肖必附和；贤者必持重，不肖必轻捷；贤者必乐成，不肖必喜败；贤者必韬晦，不肖必表暴；贤者必宽厚慈良，不肖必苛刻残忍；贤者嗜欲必淡，不肖势利必热；贤者持身必严，不肖律人必甚；贤者必从容有

常，不肖必急猝更变；贤者必见其远大，不肖必见其近小；贤者必厚其所亲，不肖必薄其所亲；贤者必行浮于言，不肖必言过其实；贤者必后己先人，不肖必先己后人；贤者必见善如不及、乐道人善，不肖必妨贤嫉能、好称人恶；贤者必不虐无告、不畏强御，不肖必柔则茹之、刚则吐之。若此等类，正如白黑冰炭，昭然不同，总不外公私义利而已。

解题

本篇选自张履祥《训子语》。张履祥，见 207“做人须有宽和之气”。

译文

一个人无论高贵低贱，都需要知人。能够知人，就能够接近有道德有才能的贤人，远离不贤的坏人，就能安身保家；不知人，就会贤恶倒置，亲疏背反，危身败家。这是不可变更的道理。然而要做到知人是很难的，接近谁、疏远谁，也十分不容易。贤能的人要接近很困难，疏远却很容易；不贤的人要接近很容易，要疏远却很困难。贤能的人应该接近，但过分亲近却反可能受到怀疑；不贤的人应该疏远，但因为疏远了他甚至可能招致他的怨恨。所以应该及早辨别一个人是贤还是恶。我在这里举出贤还是不贤的几点主要的表现：贤人必定刚直，不贤的必定柔佞；贤人必定公平正大，不贤的人必定偏狭邪僻；贤人必是为公，不贤的人必定为私；贤人必定谦恭，不贤的人必定骄慢；贤人必定谨慎，不贤的人必定恣意放肆；贤人必定礼让，不贤的人必定爱争；贤人必定开诚，不贤的人必定险诈；贤人必定有主见，不贤的人必定随声附和；贤人必定持重，不贤的人必定浮躁；贤人必定乐于别人成功，不贤的人必定喜欢他人失败；贤人必定隐掩己之所长，不贤的人必定每事表现自己；贤人必定宽厚慈良，不贤的人必定苛刻残忍；贤人必定淡于嗜欲，不贤的人必定热衷于势利；贤人必定严于律己，不贤的人必定严于律人；贤人必定行事从容有序，不贤的人则必定急猝变更；贤人必定见识远大，不贤的人必定见识短浅；贤人必定厚待亲人，不贤的人必定薄待亲人；贤人必定行过大言，不贤的人必定言过其实；贤人必定先人后己，不贤的人必定先己后人；贤人必定见善思齐、乐道人善，不贤的人必定妒贤嫉能、好言人恶；贤人必定不虐待孤寡、不惧怕强权，不贤的人必定凌辱弱者、畏惧强者。这些表现，就像黑与白、冰与炭一样，截然分明，归根结底，在于为公还是为私、基于利还是基于义而已。

评点

此一段话先讲识人之必要、识人应及早，次列贤与不贤的具体不同，颇有指导意义。但像文中所说的完美的贤人是没有的，关键在于为公还是为私，为义还是为利，大节既定，性格、习惯上的弱点也是可以容忍的。

211. 非分之想莫萌，无益之事莫做

原文

汝等资皆中下，吾不望以功名显荣，能淳淳谨谨为

乡里自好之人，便是克守家法，吾愿足矣。苟能自守，已足终身饱暖；不能自守，虽铜山金穴，岂有济哉？保家之道，制节谨度而已；保身之道，谨言信行而已。非分之想莫萌，无益之事莫做，此吾所常以语汝者也，勉之！

解题

本篇选自李兆洛《诫子书》。李兆洛（1769—1841），清代文学家、学者。他是嘉庆十年（1805）进士，曾任武英殿协修、凤台知县，后在江阴暨阳书院讲学长达二十年。他精通音韵、训诂、史地、历算之学，是清代有名的学者。本书信是他五十岁以后写给儿子的，在讲述了自己的家世后，告诫儿子处世之道。

译文

你们的资质都属中下等，我不希望你们以功名求得荣显，能够专心谨慎，做乡里洁身自好的人，便是能够遵守家法，我的愿望就满足了。如能够节俭自守，就可以终身不受冻饿；不能自守，就是有钱山金矿，也不能有什么帮助。保家之道，在于节俭用度，减省开支；保身之道，在于出言谨慎，行事诚实。不要生非分之想，不要做无益之事，这是我常告诉你们的话，你们可要用来勉励自己啊！

评点

这段家训要儿子们克守家法，节俭省用，谨言慎行，不生非分之想，不做无益之事。尽管其中有明哲保身的局限性，但所提倡的诚实、节俭、谨慎的立身处世之道，对今人仍有一定的借鉴意义。

212．解人不夸，夸者不解

原文

巧语悦人，自扰其身。闲言送日，亦搅女神。解人不夸，夸者不解。道听途说，智笑愚骇。骇者终明，谓女实欺，笑者鄙女，虽矢犹疑。尤悔既丛，铭以自攻。铭而覆蹈，嗟女既耄。

解题

本篇选自曾国藩道光二十四年（1844）三月初十日《致温弟沅弟》附“五箴”。曾国藩，见026“读书只在立志真”。

译文

以花言巧语去取悦他人，是自己打扰自己。以闲言碎语打发岁月，是分散自己的精力。明道理的人不自我夸耀，自我夸耀的人就是不明道理。道听途说，即加渲染传播，是使智者发笑、愚人惊骇的举动。惊骇的人最终明白真相时，会认为你是在欺骗他。耻笑的人会鄙视你，即使你说的是事实，人家也会怀疑。巧语多言的坏处既然很多，就应该记住这些话以自我警戒。知道了这个道理还要去做，就只好感叹他的糊涂了。

评点

谨言不是什么话都不能说，谨的应是巧语悦人、闲言送日、自我夸耀、传播道听途说的消息。能在这几方面做到谨言，就会少了许多麻烦。

213．脚踏实地，乃可有功

治军总须脚踏实地，克勤小物，乃可日起而有功。凡与人晋接周旋，若无真意，则不足以感人；然徒有真意而无文饰以将之，则真意亦无所托之以出，《礼》所称无文不行也。

解题

本篇选自曾国藩咸丰八年（1858）正月十四日《致沅弟》。曾国藩，见 026“读书只在立志真”。沅弟，即曾国藩之弟曾国荃。

译文

治理军队必须要脚踏实地，在小的事情上也要勤勤恳恳，这样才能每时上进，最终成功。但凡与人交接应酬，如果没有实情实意，就不能令别人感动；然而如果只有真意没有修饰来统率，真实就没有什么依托，《礼记》上也说言无修饰是做不成事的。

评点

有些人出言无忌，以为自己是满怀真诚，可以直言无饰，岂不知良药苦口，因此才要加上糖衣。我们与人交谈，也要讲究方式，讲究艺术，这就是曾国藩所说的“文饰”，就是苦药外的糖衣。有了这些，人家才会容易接受你的真情，才会容易听进你的意见。

214. 戒骄以不轻非笑人为先

原文

天地间惟谦谨是载福之道，骄则满，满则倾矣。凡动口动笔，厌人之俗，嫌人之鄙，议人之短，发人之覆，皆骄也。无论所指未必果当，即使一一切当，已为天道所不许。我家子弟满腔骄傲之气，开口便道人短长，笑人鄙陋，均非好气象。贤弟欲戒子侄之骄，先须将自己好议人短、好发人覆之习气痛改一番，然后令后辈事事警改。欲去骄字，总以不轻非笑人为第一义；欲去惰字，总以不晏起为第一义。

解题

本篇选自曾国藩咸丰十一年（1861）正月初四《致澄弟》。曾国藩，见 026“读书只在立志真”。

译文

天地之间，只有谦谨是长保福禄之正道，骄傲就会自满，自满就要倾倒了。但凡动口动笔之时，讨厌别人的俗气、嫌恶别人的鄙下、议论别人的短长、公开别人的隐私，皆是骄傲。且不说所谈的未必准确，就算说的全都正确，也为天道所不允许。我们家的子弟满腔骄傲之气，开口便议论他人短长、耻笑他人鄙俗，都不是什么好气象。贤弟想戒除子弟们的骄气，先要将自己喜欢议论别人短长、喜好公开别人隐私的习气加以痛改，然后再让后辈事事警改。要想去掉骄字，首先要将不轻易非议讥笑他人做为第一要义；要想去掉懒惰之习，首先要把不晚起床作为第一要义。

评点

我们提倡开展批评和自我批评，但这种批评，需要开诚布公，需要有的放矢，这与议论别人长短、揭发别人隐私完全是两回事。有人开口闭口这个俗了，那个卑了，以为天地间仅他一个完人，殊不知，热衷于这些的本身就是极俗的表现。愿今天的青少年养成谦虚谨慎的好作风，学习好，工作好。

215．只患不能自立，不患人不己知

原文

必令汝出门者，盖欲汝用功上进，为后日国家干城之器、有用之才耳。方今国事扰攘，外寇纷至，边境累失，腹地亦危。振兴之道，第一即在治国。治国之道不一，而练兵实为首端。……汝今入此，应努力上进，尽得其奥。勿惮劳，勿恃贵，勇猛刚毅，务必养成一军人资格。汝之前途，正亦未有限量。国家正在用武之秋，汝只患不能自立，勿患人不己知。志之志之！勿忘勿忘！

解题

本篇选自张之洞《诫子书》。张之洞（1837—1909），清末大臣。他是同治时进士，曾任侍讲学士、内阁学士，后又任巡抚、总督。在任湖广总督时，大办洋务，成为洋务派首领。1907 年调任军机大臣。卒谥文襄。他的儿子进日本士官学校学习，他以此信教育儿子。

译文

之所以一定要让你出门学习，是想让你用功上进，以后成为捍卫国家的有用之才。当今之时，国家动乱，外敌纷来，边地累失，内地亦危。振兴国家的途径，第一在于治国。治国之道有多种，而练兵实在是首要的。……你现在既然已入日本士官学校，应努力上进，将军事知识全部学到手。不怕劳苦，不恃高贵，勇猛刚毅，务必养成一种军人的品格。你的前途是不可限量的。国家正在用武之时，你只能担心不能自立，而不必担心别人不知道你。千万记住，不能忘记！

评点

不论从文还是习武，刻苦上进，磨炼本事，目的都应该是为了国家。这应该成为每一个人的宗旨。利用国家和社会给予的条件为自己谋取资本，就大错特错了。这样的人应感到羞耻。

节俭编

216. 薄葬为上

原文

夫含气之伦，有生必终。盖天地之常期，自然之至数。是以通人达士，鉴兹性命，以存亡为晦明，死生为朝夕。故其生也不为娱，亡也不知戚。夫亡者，元气去体，贞魂游散，反素复始，归于无端。既已消仆，还合粪土……但欲制坎，令容棺椁，棺归即葬，平地无坟。勿卜时日，葬无设奠，勿留墓侧，无起封树。

解题

本篇选自赵咨《遗书敕子胤》。赵咨，东汉人，曾官敦煌太守，东海相。他在任上患病，临终前准备下一口薄棺，又给儿子写下遗书，要求薄葬，儿子遵从了他的遗愿，当时人都称赵咨“明达”。

译文

一切有生命之物，都是有生必有死，这是天地自然的根本法则。明事理、有知识的人对自己的生命都看得很透彻，把生死存亡看作像朝夕阴晴一样普通。因此，他们活着不虚度，死了也不过分悲伤。死了的人，元气离开了身体，又回到了茫无边际的初生境界；形体也倾倒消散，最后成为粪土……（我死后）只希望你们挖个能容得下木棺的墓穴，木棺运回后即行葬下。墓上不要有封土，也不要卜选埋葬的时间，下葬时不要摆设供品，不要在墓旁筑屋守墓，不要在墓旁栽树。

这位两千年前的赵老先生节俭廉洁、抗拒流俗，敢于改变社会恶习的勇气令人击节赞赏。在厚葬风气愈演愈烈的东汉时代，他能遗命子孙，不许厚葬，精神可嘉。今天葬埋方式已改土葬为火葬，然而在一些地区，修墓厚葬却花样百出，甚至以进口电器、黄金白银随葬。这真使人有历史在倒退的感觉，在这位赵老夫子面前，搞厚葬的那些人应感到无地自容。

217．所足在内，不由于外

凡养生之具，岂间定实，或以膏腴夭性，有以菽藿登年。中散云，所足在内，不繇于外。是以称体而食，贫岁愈嗛；量腹而炊，丰家余餐。非粒食息耗，意有盈虚尔。况心得优劣，身获仁富，明白入素，气志如神，虽十旬九饭，不能令饥，业席三属，不能为寒。

本篇选自颜延年《庭诰》。颜延年，见032“金真玉粹，乃能尽而不污”。

衣食是用来养生，而不是用以显示贫富差别的。有人吃的是豪华精美的食物，却短命早死；有人吃的是粗劣的食物，但却得以高年长寿。中散大夫嵇康说：所足在内，不由于外。所以按身体所需吃饭，即使在荒年也不会困顿；按食量做饭，富家也会有剩饭。不是说食物少就可以补充消耗，延续生命，是因为意念中有盈虚。况且心中已判优劣，身体得到补充，就会安于贫素的物质生活而精神饱满。如此，虽然十日只有九日吃饭，也不会令他感到饥饿；授业坐垫只有三重厚，也不能使其感到寒冷。

在我们周围，把衣食当作炫耀地位、炫耀财富的标志的人太多了。君若不信，到饭店去看一看满桌的剩菜，到大街上看遍地的真真假假的“名牌”，心中就有数了。

218．施而不奢，俭而不吝

孔子曰：“奢则不孙，俭则固；与其不孙也，宁固。”又云：“如有周公之才之美，使骄且吝，其余不足观也已。”然则可俭而不可吝已。俭者，省约为礼之谓也；吝者，穷急不恤之谓也。今有施则奢，俭则吝；如能施而不奢，俭而不吝，可矣。

本篇选自颜之推《颜氏家训·治家》。颜之推，见005“有志者当勉学以就业”。

孔子说：“奢侈则不能谦逊，节俭则可能鄙陋；与其不谦逊，宁可鄙陋。”又说：“虽有周公那样的才能和外貌，但如果骄傲、吝啬，也就没有什么长处了。”由此可知，应节俭，但不应吝啬。所谓节俭，指的是简约合于礼法；所谓吝啬，指的是不帮贫穷急难。如今往往是帮助别人但偏于奢华，节俭处己但偏于吝啬；如果能够助人而不奢华、节俭而不吝啬，就很好了。

评点

确实有这种现象，有人仗着手中有几个钱，大摆阔气，目空一切，但要他为别人做点什么，他又一毛不拔，这种人是不逊与鄙陋合二而一了。愿人们乐于助人，俭以处己，迎接天下为公的世界。

219. 俭而能施，俭而寡求

俭而能施，仁也；俭而寡求，义也；俭以为家法，礼也；俭以训子孙，智也。俭而悭吝，不仁也；俭复贪求，不义也；俭于其亲，非礼也；俭其积遗子孙，不智也。

本篇选自李之彦《家训》。李之彦，宋代文士，号东谷。著有《东谷所见》。

节俭而能够帮助别人，就是仁；节俭而少有欲求，就是义；以节俭为家法，就是礼；以节俭教育子孙，就是智。节俭到悭吝的程度，就是不仁；在节俭的同时又贪求不已，就是不义；在对其父母的奉养上节俭，就是非礼；把节俭下来的积蓄留给子孙，就是不智。

评点

提倡节俭，不是不要正常用度。有些人以节俭为名，行吝啬之实。有的人不敬双亲，使父母吃不饱，穿不暖，这就不是节俭，这种行为简直是近于禽兽了。

220．善处贫者，节食以完衣

衣以岁计，食以日计。一日阙食，必至饥馁；一年阙衣，尚可藉旧。食，在家者也，食而无人知；衣，饰外者也，衣敝而人必笑。故善处贫者，节食以完衣；不善处贫者，典衣而市食。

解题

本篇选自倪思《经鉏堂杂志》。倪思，宋代人，进士出身，官至礼部尚书。

译文

衣服是按年算计的，食物是按天算计的。一天没有吃的，必定要受到饥饿；一年没有新衣服，还可穿旧的衣服。食物是在家中的东西，吃的粗劣些也不会有人知道；衣服是装饰身体的，破衣烂衫要受到别人的耻笑。因此，会过穷日子的人，节省吃的，以便穿的齐整些；不会过穷日子的人，则是典卖衣服来买吃的。

评点

俗话说，人是衣服马是鞍，是说在人际交往中，衣服是比较重要的东西。有人极讲究吃喝，衣服却又脏又破，这不仅有碍树立自己的形象，也是对别人的不尊重。当然，我们不是提倡要去购置高档服装，而是说，在条件允许的情况下，要尽量使自己的仪表齐整些、清洁些。

221．俭者君子之德

原文

俭者君子之德。世俗以俭为鄙，非远识也。俭则足用，俭则寡求，俭则可以成家，俭则可以立身，俭则可以传子孙。奢则用不给，奢则贪求，奢则掩身，奢则破家，奢则不可以训子孙。利害相反如此，可不念哉！

解题

本篇选自倪思《经鉏堂杂志》。倪思，见220“善处贫者，节食以完衣”。

译文

节俭是有道德人的美德。世俗之人以节俭为鄙啬，这不是远大的见识。节俭就能满足日用，节俭就会寡欲少求，节俭就可以兴旺家业，节俭就可以自立于世，节俭就可以以实际行动教育子孙。奢侈就不能满足日用，奢侈就会贪欲无厌，奢侈就会败坏自身品德，奢侈就会使家业破败，奢侈就无法教育子孙节俭。两者的利害如此截然相反，怎能不认真注意呢！

评点

这是一篇绝好的日常生活警世名言，节俭有那么多的好处，奢侈有那么多的坏处，让我们还是更加节俭吧！许多家庭，尤其是新成家的年轻人，往往日常用度无算计，一年到头，无所盈余，甚至寅年吃了卯年的粮，关键就在于没有量入为出，厉行节俭。这一点确实值得我们认真注意。

222．吾以俭素为美

原文

吾本寒家，世以清白相承。吾性不喜华靡……平生衣取蔽寒，食取充腹，亦不敢服垢弊，以矫俗干名，但顺吾性而已。众人皆以奢靡为荣，吾心独以素俭为美。

解题

本篇选自司马光《训俭示康》。司马光（1019—1086），北宋大臣、杰出史学家。仁宗时进士，官至丞相，曾历时十五年编成编年体著作《资治通鉴》。司马光持家俭朴，为世所赞扬。这篇家训充分表明了他的“以俭素为美”的观点。康，即他的儿子司马康。

译文

我们家本是贫寒之家，世代清白。我的天性不喜欢豪华奢靡……平时衣服能蔽寒、食物能吃饱就可以了。但也绝不穿脏衣烂衫，以违反世俗常情博取名声，只是顺从我的天性而已。众人都以奢靡为荣，我的内心独以俭素为美。

评点

是真名士自风流，岂在衣鲜车高。今天人们的生活水平有了提高，但“节俭”之义决不可丢。形成一个良好的社会风气，自然会易却旧俗。

223．有德皆由俭来

原文

御孙曰：“俭，德之共也；侈，恶之大也。”共，同也。言有德者皆由俭来也。夫俭则寡欲。君子寡欲，则不役于物，可以直道而行；小人寡欲，则能谨身节用，远罪丰家。故曰：俭，德之共也。侈则多欲。君子多欲，则贪慕富贵，枉道速祸；小人多欲，则多求妄用，丧身败家。是以居官必贿，居乡必盗。故曰：侈，恶之大也。

解题

本篇选自司马光《训俭示康》。司马光，见 222“吾以俭素为美”。

译文

鲁国大夫御孙说：“节俭，是有德者的共同点；奢侈，是恶事中最大的。”共，是同的意思，是说有德者都从节俭而来。俭，欲望就少。君子寡欲，就不会为外物所控制，就可以秉公循道而行事；小人寡欲，就能够小心谨慎，节省用度，远离祸患，家用丰饶。因此说节俭是有德者的共同点。奢侈，欲望就多。君子多欲，就会贪慕富贵，就会因背弃正道而遭祸；小人多欲，就会增加需求，胡乱花钱，最终导致丧命败家。即是说，做官的求奢侈，必会受收贿赂，为民的求奢侈，必会沦为盗贼。因此说奢侈是恶事中最大的。

评点

司马光在这里阐述的观点，确为人间至论。古往今来，有多少人成于节俭，又有多少人败于奢侈？有些人尽管自己这一代没有败落，但形成家风，子孙败落之时也不会远。《红楼梦》中的荣、宁二府，何等豪华，但只不过三代，就“白茫茫一片大地真干净”了！至痛教训，能不谨慎吗？

224．天下事成于困约，败于奢靡

原文

然游于此切有惧焉，天下之事，常成于困约，而败于奢靡。……游生晚，所闻已略，然少于游者，又将不闻。而旧俗方已大坏，厌藜藿，慕膏粱，往往更以上世之事为讳，使不闻此风，放而不还，且有陷于危辱之地，沦于市井，降于皂隶者矣！复思如往时，父子兄弟相从，居于鲁墟，葬于九里，安乐耕桑之业，终身无愧悔，可得耶？

解题

本篇选自陆游《放翁家训·序》。陆游，见037“戒无堕家风”。

译文

我对这一点是深有惧惕之意的，天下之事往往因节俭而成功，因奢侈腐化而失败。……我生得晚，对先祖的节俭历史已知道得很简略了；比我生得更晚的，就更不知道什么了。而今旧时的节俭之习已经败坏了，厌恶粗茶淡饭，美慕山珍海味，并且往往忌讳提到先祖节俭的历史，使后代人无法得知这些事。这一风气发展下去，不加改正，就会导致败家破产、沦为奴仆下贱。再想要像往常一样，父子兄弟相聚，居葬有地，安耕乐桑，终生没有惭愧追悔之事发生，还能办到吗？

评点

“天下事成于困约，败于奢靡。”其说可为至理之言。今天我们的生活已有极大的改善，可还有些人热衷追逐所谓“高消费”。穿要名牌，吃要高档，一饭千金，一靴千元，这样会有什么结果呢？因此，重温古人关于节俭的家训是十分必要的。形成风气，自可化人。

225. 治家舍节俭别无可经营

原文

忠信之礼无繁，文惟辅质；仁义之资不匮，俭以成廉。

家之本在身，佚荡者往往取轻奴隶。

家用不给，只是从俭，不可搅乱心绪。

四方兵戈之扰，乱离正甚，修身节用，无得罪乡人。

疾病只是用心于外，碌碌太过。

生死路甚仄，只在寡欲与否耳。

治家舍节俭别无可经营。

四方衣冠之祸，虽是一时气数，亦是世家习于奢淫不道，有以召之。若积善之家，亦自有获全者，不可不早夜思其故也。

忧贫言贫，便是不安分，为习俗所移处。

解题

本篇选自吴麟征《家诫要言》。吴麟征，见 018“竹帛青史，岂可让人”。

译文

教人忠信的礼数并不繁杂，因为文辞是辅助内容的；助人仁义的资本是不会缺乏的，节俭便可以廉洁。

立家之本在于自身，游荡淫乐者多被奴隶轻看。

家中费用不足，就应节俭，不可因贫困乱了心绪。

在兵荒马乱、战事纷纷之时，更要加强自身修养，节省用度，与乡邻处好关系。

在外物上用心机太过，碌碌营营，便可招致疾病。

生死之路是很窄的，只在于你是不是能做到清心寡欲。

治家除了节俭外，再无其他办法可想。

各地富贵之家的灾祸，虽然是大势所趋，但也是他们自己奢侈、靡费而招来的。多做善事的家庭，也多有获得保全的，这一点不可不深思。

总担忧贫穷，总说自己贫穷，这就是不安分，就容易被世俗所打动。

评点

中国有句老话，叫“安贫乐道”。这是就个人节操而言的，这里说的节俭，是指即使你的生活已很不错，仍需以俭治家，不可靡费，不可奢华。牢记：节俭传家久。

226. 尺帛半钱，不敢浪用

原文

子孙各要布衣蔬食，惟祭祀宾客之会，方许饮酒食肉，暂穿新衣。幸免饥寒足矣，敢以恶衣恶食为耻乎？他如手持背负之劳，力能自举，不必倩人供使令之役。幸不为人役足矣，敢役人乎？尺帛半钱，不敢浪用，庶几不致于饥寒。

解题

本篇选自庞尚鹏《庞氏家训》。庞尚鹏，见019“玩物丧志，即为身家之蠹”。

译文

家中子孙都要穿布衣，吃粗粮，只有在祭祀和宴请宾客的时候，才许可喝酒吃肉，暂时穿一下新衣服。侥幸免遭饥寒已很可知足了，怎么敢以破衣粗食为耻辱呢？其他的手提身背之类的劳作，自己的力量可以完成的，就不要雇人以供驱使之役。不为别人役使就很满足了，怎么敢役使他人呢？一尺布、半文钱都不敢随意花用，才可能不沦于饥寒之地。

评点

我们不必刻意穿破衣、吃粗饭以表明自己俭朴。人心向美，在条件许可的情况下，吃得穿得好点，是无可非议的，只是不要攀比，不竞以奢华为荣、以俭朴为耻。这样才可以靠自己的能力，创造美好生活。

227．耕读传家，勤俭兴家

传家两字曰读与耕，兴家两字曰俭与勤，安家两字曰让与忍，防家两字曰盗与奸，亡家两字曰淫与暴。休存猜忌之心，休听离间之语，休做生分之事，休专公共之利。吃紧在各求尽分，切要在潜消未形。子孙不患少而患不才，产业不患贫而患喜张，门户不患衰而患无志，交游不患寡而患从邪。不肖子孙，眼底无几句诗书，胸中无一段道理，神昏如醉，体懈如瘫；意纵如狂，行卑如丐；败祖宗成业，辱父母家声。是人也，乡党为之羞，妻子为之泣，岂可入我祠葬我茔乎？

解 题

本篇选自吕坤《孝睦房训辞》。吕坤，见 099“天理先放在头顶上”。

传家的两字要诀是读和耕，兴家的两字要诀是俭和勤，安家的两字要诀是让和忍，防家的两个字是盗和奸，亡家的两个字是

淫和暴。不要怀有猜忌之心，不要听信离间的话，不要做生分骨肉的事，不要谋取公共的利益。最要紧的是各自都要尽自己的本分，最关键的是要在事情发生之前消除隐患。不必忧虑子孙太少，而要忧虑他们是否能够成才；不必忧患产业贫乏，而要忧虑是否喜欢铺张；不必忧虑门户衰微，而要忧虑子孙是否有志气；不必忧虑交游太少，而要忧虑是否结交了邪僻之人。不贤能的子孙，没有读过几篇诗书，也不懂得做人的道理，神志昏乱，就像醉酒一样；身体懈怠，就像瘫痪一样；随心所欲，就像狂人一样；行事卑下，就像乞丐一样。他们使祖宗家业破败，使父母名声蒙受耻辱。这样的人，乡邻们为他而羞耻，妻子为他而哭泣，怎么能进入我家的祠堂、葬入我家的墓地呢？

评点

这里提出了持家的几句两字要诀，即使今天，仍然适用。而列举的不肖子孙的表现及危害，不是也可以使今天的许多人猛省吗？

228. 吃穿将就，却无不可

吾尝自思，前人勤俭辛苦，淡薄积福，与我后人享受；忠厚谦谨积德，与我后人受报。若我后人享尽福，受尽报，则我之后人无所受我报矣！可惧可省，一身吃着有限，吃些粗的，着些粗的，将就用些，却何不可？若分些与人，且不论人感德，只此心又何等快乐！又何可刻薄取人以自肥饶也？自心凡事不恼怒，享和平之福，自然人悦神佑，有禄来同。……汝不可不以此为戒，读书莫懒惰；莫与不学好的人同处；与君子交，莫说闲话，莫说人家长短，莫发人隐事。

解题

本篇选自周怡《衡山寄示贵儿》。周怡，见013“作人要立决烈志，奋刚大气”。

译文

我曾经自己想过，前人勤俭辛苦，惨淡经营，积下财福，让后人享受；忠厚谦谨，积下阴德让后人受到回报。如果我享尽了财福，受尽了回报，我的后人就从我这儿得不到什么了！真让人惧怕，真让人猛省啊！一个人的吃穿都是有限的，吃些粗的，穿些粗的，用的也将就些，有什么不可以呢？如果分给别人一些，不要说别人感激不尽，就是自己的内心，又该是多么快乐啊！又怎么可以刻薄地夺取别人的东西，来养肥自己呢？自己的内心凡事都不恼怒，安享和平之福，自然众人喜欢，神灵保佑，荣华富贵都会来到。……你要以此为戒，读书的时候不要懒惰；不要与不学好的人待在一起；与有道德的人交往，不要说闲话，不要对别人说长道短，不要揭发别人的隐私。

评点

节俭自律，帮助他人，自是做人的美德。如果想要以此求得荣华富贵，不免入俗，亦是受循环报应思想影响。但周怡是古人，不可过分苛求。

229．常将有日思无日，莫待无时思有时

原文

由俭入奢易，由奢入俭难。饮食衣服，若思得之艰难，不敢轻易费用。酒肉一餐，可办粗饭几日；纱绢一疋，可办粗衣几件。不饥不寒足矣，何必图好吃好着？常将有日思无日，莫待无时思有时，则子子孙孙常享温饱矣。

解题

本篇选自周怡《勉谕儿辈》。周怡，见 013“作人要立决烈志，奋刚大气”。

译文

由节俭变为奢侈很容易，但由奢侈回到节俭就困难了。饮食与衣服，如果想到得来的艰难，就不敢轻易浪费。一顿酒席，可办几天粗饭；一疋纱绢，可买粗衣多件。不饥不寒就可以了，何必贪图好吃好穿呢？要常在衣食丰足的时候想到可能遭受的饥寒，不要等到挨饿受冻时再去回想过去的奢侈生活，这样才能使子孙常享温饱的生活。

评点

“常将有日思无日，莫待无时思有时”是治家名言，似应制成条幅，悬于中堂，以世代相警。

230. 奢靡败度，俭约鲜过

原文

饮食衣服，日用起居，一一朴啬，留有余不尽之享，以还造化，优游天年，是可以养福。奢靡败度，俭约鲜过，不逊宁固，圣人有辨，是可以养德。多费多需，至于多取，不免奴颜婢膝，委曲徇人，自丧己志，费少取少，随分随足，浩然自得，是可以养气。且以俭示后，子孙可法，有益于家；以俭率人，敝俗可挽，有益于国。

解题

本篇选自王士晋《宗规》。王士晋，明代人，事迹不详。

译文

吃饭穿衣，日用起居，都应该俭朴吝惜，节省下来的东西留待以后享用，以报答上天的赐予，快乐地度过一生，俭可以养福。追求奢侈靡费，就会败了立家的法度；持家俭约，就可以少犯过失。上古的圣人早就说过，即使不如人家，也要自守其志，俭又可以养德。费的太多，求取也多，而为了得到的多，就不免会奴颜婢膝，委曲求全，自己坠了自己的志气；花费的少，欲求也少，获得多少都知足，就会正大光明，自得其乐，节俭又可以养气。以节俭来教育后代，会令子孙有法可循，节俭对家庭有益；以节俭来为人垂范，可以矫正奢靡的流俗，节俭又对国家有益。

评点

节俭是中华民族的传统美德。要做到节俭，先要寡欲、寡求，并且要教育儿女从小就养成节俭的习惯。然而，一些父母唯恐自己的子女受到委屈，对孩子的欲望不加限制，一概予以满足，其结果是使孩子养成了食不厌精、穿要高档的坏习气，由此又产生了不尽的后患。请这些父母记住：奢靡败度，俭约鲜过。

231. 衣服要朴素，房屋休高大

原文

衣服要朴素，房屋休高大，饮食使用要俭朴。休要见人家穿好衣服便要做，住好房屋便要盖，使好家活便要买。此致穷之道也！若用度少有不足，便算计可费多少，即卖田产补完，切记不可揭债，若揭债则日日行利，累的债深，穷的便快。戒之，戒之！

解题

本篇选自杨继盛《谕应尾、应箕两儿》。杨继盛，见 020 “人须要立志”。

译文

衣服要朴素，房屋休高大，饮食与日常应用要节俭。不要看见人家穿好衣服自己便要做；看见人家住好房子，自家就要盖；

看见人家使用好的日常用品，自家也要买。这是走向贫穷的道路！如果家用不足，算计好需要多少，马上卖掉田产补上，切记不要借债。如果借了债，就要每天增加利息，积累的债多了，穷得便快。戒之，戒之！

评点

这里提到一个很重要的问题，是不要搞攀比。俗语说：人比人得死，货比货得扔。生活方面向上攀比，永远有人在你上面，追求这个，必穷无疑，必败无疑！

232. 勤俭乃治家之道

原文

勤与俭，治生之道也。不勤则寡入，不俭则妄费。寡入而妄费则财匮，财匮则苟取，愚者为寡廉鲜耻之事，黠者入行险侥幸之途。平生行止，于此而丧，祖宗家声，于此而坠，生理绝矣。又况一家之中，有妻有子，不能以勤俭相表率，而使相趋于贪惰，则自绝其生理，而又绝妻子之生理矣。

解题

本篇选自朱柏庐《劝言》。朱柏庐，见102“善欲人见，不是真善”。

译文

勤劳与节俭是维持生存的根本道理。不勤劳收入就少，不节俭花费就大。收入少而花费大，钱财就会匮乏，钱财匮乏就要想法去求取，愚蠢的人就会做出寡廉鲜耻的事情，有心计的人就走上靠行险侥幸赚钱的道路。一生的行止到这里就堕落了，祖宗的家声到这里就沦丧了，他的生机就到此断绝了。何况一家之中，还有妻子儿女，如果不能以勤俭相表率，而使他们竞相趋于贪欲懒惰，那就不光是自绝生机，也是在断绝妻子儿女的生机。

评点

不勤不俭，则入歧途。此一段语言真是警世之良言，得无惧乎！

233．勤道三要

原文

勤之为道，第一要深思远计。事宜早计，物宜早办者，必须预先经理；若待临时，仓忙失措，鲜不耗费。第二要晏眠早起。侵晨而起，夜分而卧，则一日复得半日之功；若早眠晏起，则一日仅得半日之功，无论天道必酬勤而罚惰，即人事赢绌，亦已悬殊。第三要耐烦吃苦。一处不周密，一处便有损失耗坏。事须亲自为者，必亲自为之；须一日为者，必一日为之。人皆以身习劳苦为戕其生，而不知是乃所以求生也。

解题

本篇选自朱柏庐《劝言》。朱柏庐，见 102“善欲人见，不是真善”。

译文

为勤之道，第一要深思远计。“事宜早为，物宜早办”，说的就是凡事必须事先想到、办到；若等到事情临头，仓忙失措，不及办理，没有不耗费的。第二要晚睡早起。凌晨起床，深夜入睡，一天之中就会又得到半天的工夫；如果早睡晚起，一天就只剩下半天工夫了，且不说天地正道是酬劳勤者、惩罚懒者，就人自身下功夫而言，已经是很悬殊了。第三要忍得住吃苦。如果吃不了苦，一处有不周密的，便有一处损失耗坏。需要亲自去做的事情，必须亲自去做；需一天办的，必须在一天内办完。人们都认为亲自参加劳动是损害自己的生命，却不知这样做恰好是为了求生。

评点

三大方面，已把勤的内涵概括无余。若想丰衣足食，只能深谋远虑，晚睡早起，耐住吃苦。个人如此，公司亦是如此：策略、方针最是重要，齐心合力、兢兢业业才可保证方针的实现；在没有完成任务前，吃得下苦，则是最需人们注意的。

234. 为俭三要

原文

俭为之道，第一要平心忍气。一朝之忿，不自度量，与人口角斗力，争讼经官；事过之后，不惟破家，或且辱身。第二要量力举事。土木之功，婚嫁之事，宾客酒席之费，切不可好高求胜；一时兴会，所费不支，后来补苴，或行称贷，偿则无力，逋则败德。第三要节衣缩食。绮罗之美，不过供人之叹羡而已，若暖其躯体，布素与绮罗何异？肥甘之美，不过口舌间片刻之适而已，若自喉而下，藜藿与肥甘何异？人皆以薄于自奉为不爱其生，而不知是乃所以养生也。

解题

本篇选自朱柏庐《劝言》。朱柏庐，见 102“善欲人见，不是真善”。

译文

为俭之道，第一要平心忍气。不能容让琐细的气愤，与别人争吵撕打，上法庭，打官司，完了以后，不仅家业败落，自身也会受到侮辱。第二要量力举事。盖房造楼、婚丧嫁娶，招待宾客的酒席费用，切不可好高求胜，一个盛大的宴会，其费用可能难以负担，事情过后要补上亏空，也许就要借贷，偿还高利之贷，没有力量，逃债赖账则丧失了道德。第三要节衣缩食。绫罗绸缎只不过能使人惊叹羡慕而已，若想使自己身体温暖，粗布与绸缎没有什么不同。精美的食物只不过能满足人们口舌间的片刻美味而已，从喉部往下，粗菜淡饭与肉食美酒没有什么不同。人们皆认为衣食俭朴是不爱惜自己，却不知这样做正是为了养生。

评点

俭从何处入手？此段话给了你答案。第一点在今天的情况下要做些具体分析。即争吵打斗，如果不是为了一己私利，终有正邪之分，经官诉讼也终可判定胜负，故不可一概否定打官司之事。第二、三点则为治家要言，不可不熟记之。

235. 人须俭约自持，不可恃产浪费

原文

家处穷约时，当念守分二字；家处富盛时，当念惜福二字。人当贫困时，最宜植立自守衡门之节。若卑谄于豪势之人，不独自坏门风，且徒取人厌，其实无济于贫乏也。

人须俭约自持，不可恃产浪费。到败坏时干求人，许多不雅，尚有未必得者，即得，亦须勉偿以完信行，否则不齿于士类矣。尚慎诸。

解题

本篇选自姚舜牧《药言》。姚舜牧，见017“人贵立志，磨砺益坚”。

译文

在家中贫穷时，要想着安分守己；在家庭富盛时，要想着惜福节俭。人在穷困时，应该树立清贫自守的气节。如果向有钱有势的人屈膝谄媚，就不仅自己败坏了门风，而且自讨人厌，对于自己的贫困也没有什么帮助。

为人应该以俭约自律，不可依恃富有而侈靡浪费。到破产时去求告他人，低声下气，许多不雅，不仅未必能得到人家的帮助，即使得到了，也需要以后勉力以偿，以示诚信，否则就要被读书人瞧不起了。可要谨慎啊！

评点

安分守己不是不要发奋图强。改善自己的生活环境，是人类的本能，只是在奋斗和发展的过程中要奉公守法，要以正当的途径，通过劳动使自己富裕起来。以为“君子固穷”就是安于贫穷，就大错特错了。与此同时，穷也好，富也好，节俭二字不能忘记。穷而俭自可度日，富而俭不致破家，欲守本分者应切记！

236. 致寿之道，慈俭和静

原文

昔人论致寿之道有四：曰慈、曰俭、曰和、曰静。人能慈心于物，不为一切害人之事，即一言有损于人，亦不轻发，推之戒杀生以惜物命，慎翦伐以养天和，无论冥报不爽，即胸中一段吉祥恺悌之气，自然灾戾不干而可以长龄矣。人生享福，皆有分数。惜福之人，福尝有余；暴殄之人，易于罄竭，故老氏以俭为宝。不止财用当俭而已，一切事常思节啬之义方有余地：俭于饮食，可以养脾胃；俭于嗜欲，可以聚精神；俭于言语，可以养气息非；俭于交游，可以择友寡过；俭于酬酢，可以养身息劳；俭于夜坐，可以安神舒体；俭于饮酒，可以清心养德；俭于思处，可以蠲烦去扰。凡事省得一分，即受一分之益。

解题

本篇选自张英《聪训斋语》。张英，见 111“多求多欲，自然多苦少乐”。

译文

前人谈到长寿的方法有四种，这就是慈、俭、和、静。人如果能够慈心于物，不做一切害人的事，即使有一句于别人有损的话也不轻易发出，推而广之，就会戒除杀生以爱惜生物生命，慎于砍伐以休养天地和气。这样做，冥冥之中的回报就不用提了，单是胸中的一段吉祥安宁之气，也不会招致灾殃，自然就可以长寿了。人生的享福都是有定数的。珍惜福分的人，福享有余；肆意享乐的人，福易罄竭，故此老子以俭为宝。俭，不止指财物，一切事物都应想到节俭之义，方有余地：俭于饮食，可以滋脾胃；俭于嗜欲，可以集聚精神；俭于言语，可以养元气，息是非；俭于交游，可以择朋友，少过失；俭于应酬，可以养身体，息劳累；俭于夜坐，可以安精神，舒身体；俭于饮酒，可以清心神，养品德；俭于思处，可以去烦恼，免骚扰。凡事省去一分，就会受到一分收益。

评点

慈俭之下，还有和静。和指心神和悦，静指身不过劳、心不轻动。就养生而言，此四者确属至要。

237. 用度不足，率因心侈

原文

凡人用度不足，率因心侈。心侈，则非分以入，旋非分以出。贫固不足，富亦不足。若计口以给衣食，量入以准日用，素贫贱，行乎贫贱，素富贵，不忘艰难，所需自有分限，不俟求多也。若能膳养之余，节省繁冗，用广祭产，置赡族公田，非惟可以上慰祖宗之心，即下及子孙可以永久不替，理甚易明。世之亟于自私，缓于公义，侈于奉己，啬以亲亲者，事每见其立覆矣。

解题

本篇选自张履祥《训子语》。张履祥，见 207“做人须有宽和之气”。

译文

但凡一个家庭日常费用不够的，都是由于心中存有奢侈的念头。有此念头，就会有不应得到的收入，但很快就会花到不该花费的地方。这样，贫困的家庭固然是不够花费，就是富裕的家庭也是不够花销。如果是按照人口来准备衣服、食物，按照收入来安排日用，家中贫困有贫困的过法，家中富贵也不忘艰难的时光，那么日常所需要的东西自会有限，就不必去贪求务多了。如果能在供养家庭之余，节省下不该花的钱，用来置买宗产祖田，不但可以上慰祖宗之心，下也可以惠及子孙，永久不衰败。这个道理是很容易明白的。世上那些关注一己私利、漠视公共道义，在自己的享受上很奢侈、在奉养宗亲方面吝啬的人，经常是马上就败落了。

评点

作者提出的关于节俭、奉公的说法，对今人仍有很大启示。不论贫富，都应提倡节俭，更应注意不取非分之物、不贪非法之财，否则不仅道义难平，国法亦难容。

238. 子幼时不可锦衣玉食

原文

人幼时，不可令衣丝缟、尝食肥甘。盖幼年衣食所费无几，父母易娇养其子，到后长大，其费不给，服粗茹淡，遂觉难堪。至蒙养当教澹泊，又不待论。人平时食用，不可求精，卧处不可求安。盖平常无事，尚是易为，若当疾病患难，稍不如意，倍增苦恼。至学问无求安饱，又不待论。

解题

本篇选自魏禧《日录》。魏禧，见 022“儿辈少壮，正好学问”。

译文

孩子幼小时，不可让他们穿丝绸，吃甜美食物。幼时衣食的费用不多，父母最容易娇生惯养孩子；到了长大以后，其花费不能满足，粗衣淡饭，他就会觉得难堪。至于读书后应教他们安于淡泊，是不必说的。人的平时食用不可追求精美，睡卧的地方不可追求安逸。平常无事的时候，这些追求还容易办到；如碰到生病患难之时，稍有不如意时，就会倍增烦恼。在做学问上不能追求安逸、自满，就更不必说了。

评点

家长读了此段话，应务加警心：对待子女是否过于娇养？如是，则非爱，反是害也。

239. 世无农夫，人皆饿死

原文

勿持傲谩，勿尚奢华，遇贫苦者宜赒恤之，并宜服劳。吾特购粮田百亩，雇工种植，欲使尔等随时学稼，将来得为安分农民，便是余之肖子，纪氏之鬼，永不馁矣！尔等勿谓春耕夏苗，胼手胝足，乃属贱丈夫之事，可知农居四民之首，士为四民之末。农夫披星戴月，竭全力以养天下之人，世无农夫，人皆饿死，乌可贱视之乎？戒之戒之！

解题

本篇选自纪昀《训诸子弟》。纪昀，见205“重与不重，视所自为”。

译文

不要生傲慢之心，不要慕奢华之行，遇到贫苦的人就要周济他们，还要从事农作。我特地购买了一百亩土地，雇工种植，就是想使你们能够随时学习农作，将来能够成为安分守己的农民，就是我的好儿女，纪家的鬼魂就会永远享受你们的祭祀而不挨饿。你们不要以为春天耕作，夏天锄苗，手足生满老茧，是下贱农人的事。须要知道，农是士农工商四民之首，士为四民之末。农民披星戴月，用尽全力以供养天下之人，世界上如果没有农民，人就都要饿死，怎么可以轻视他们呢？戒之戒之！

评点

轻视农民，轻视体力劳动，是封建士大夫的陋习，但纪昀能够超越这种陋习。他不仅赞扬农民为“四民之首”，认为正是农民披星戴月的耕作，才供养了天下之人，还勇敢地喊出了“世无农夫，人皆饿死”的浅显而深刻的道理。今天也有人轻视农民、“望子成龙”，这与纪昀的望子成“农”在识见上有多么大的差距啊！

240．子弟之坏，多因骄奢

原文

世家子弟最易犯一奢字、傲字。不必锦衣玉食而后谓之奢也，但皮袍呢褂俯拾皆是，舆马仆从习惯为常，此即日趋于奢矣；见乡人则嗤其朴陋，见雇工则颐指气使，此即日习于傲矣。《书》称："世禄之家，鲜克由礼。"《传》称："骄奢淫佚，宠禄过也。"京师子弟之坏，未有不由于骄奢二字者，尔与诸弟其戒之！

解题

本篇选自曾国藩《谕子纪泽书》。曾国藩，见026"读书只在立志真"。

译文

官宦人家的子弟最容易犯一个奢字、傲字。不一定非要锦衣玉食才能称得上奢，只要是皮袍呢褂到处都是，车马仆人习以为常，这就是日趋于奢了；见到乡人便嗤笑其丑陋，见雇工便支使，这就是日习于傲了。《尚书》中说："世禄之家，鲜克由礼。"（世代做官的家庭，很少有始终以礼治家的。）《左传》中说："骄奢淫佚，宠禄过也。"（骄傲、奢侈、淫荡、玩乐，都是因利禄、恩宠过分而出现的。）京城中的官家子弟变坏，没有不是因为骄奢二字的。你与弟弟们要以此为戒！

评点

曾国藩本人仕途顺利，大半也由于他能注意不骄、不奢的缘故。这里他教育曾纪泽的道理，也是他自己实践的经验。这一家训对今天仍有意义，对于家长有一定地位的人更是如此。

241. 钱少可免祸，用省可养福

原文

处兹乱世，银钱愈少，则愈可免祸；用度愈省，则愈可养福。尔兄弟奉母，除劳字、俭字之外，别无安身之法。吾当军事极危，辄将此二字叮嘱一遍，此外别无遗训之语。

解题

本篇选自曾国藩《谕纪泽、纪鸿书》。曾国藩，见026“读书只在立志真”。

译文

生活在战乱的世界，银钱越少，就越可避免祸患；用度越省，就越可滋养安福。你们弟兄奉养母亲，除了劳字、俭字之外，再没有安身的方法了。在这军事极危急的时候，我还将这两个字叮嘱你们一次，此外再没有其他遗训了。

评点

从这篇家训中，我们可以看出，曾国藩的确是教子有方。这里提到的关于银钱和节用的道理，以及劳、俭养家的道理，都是很有见地的。他还教育子孙“当一意读书，不可从军，亦不必做官”，结果他的后人纪泽、纪鸿、广钧、宝荪、约农等都成为对国家有用的人才。这与曾国藩的家训是有直接关系的。

242. 莫怕悭吝，莫贪大方

原文

望弟在俭字加一番功夫，用一番苦心，不特家常用度宜俭，即修造公费，周济人情，亦须有一俭字的意思。总之，爱惜物力，不失寒士之家风而已。莫怕寒村二字，莫怕悭吝二字，莫贪大方二字，莫贪豪爽二字。

解题

本篇选自曾国藩同治二年（1863）十一月十四日《致澄弟》。曾国藩，见026“读书只在立志真”。

译文

希望弟弟今后在俭字上下一番功夫，用一番苦心，不光是家中日常费用上要省俭，就是修造公共设施、周济他人，也要考虑到节俭的意思。总之是要爱惜人力物力，不要丢掉寒士的祖传家风。不要怕寒碜二字，不要怕悭吝二字，不要贪图大方二字，不要贪图豪爽二字。

评点

是否做到了节俭，最直接地反映了一个人的品德。有些人爱面子，讲排场，衣必高级，食必精美，住必华屋，行必豪车，影响到下一代，也有比阔气、攀豪华的苗头。此风不可长，要害在于，我们都须在俭字上下一番苦心。

治家编

243. 守宠罹祸，不如贫贱全身

原文

事兄以敬，恤弟以慈；兄弟有不良之行，当造膝谏之；谏之不以，流涕喻之；喻之不改，乃白其母；若犹不改，当以奏闻，并辞国土。与其守宠罹祸，不若贫贱全身也。

解题

本篇选自曹衮的《令世子》。曹衮（? —235），三国时魏人，曹操之子，后封中山王。他为人小心谨慎，这个给王太子的教令就是讲谨慎做人的。

译文

在兄弟关系上，要敬爱兄长，慈爱幼弟。兄弟有不好的行为，要努力规劝；劝说不从，要痛切开导；如此还不悔改，就要告诉母亲；若仍不改，就要上奏皇上，将他们遣送出封地。与其恃仗宠幸而遭祸，不如在贫贱中保全自身。

评点

这几句话的中心意思是全身远祸。这些话对今天的人们还是有相当教育意义的，尤其是那些长辈握有一定权势的人。“与其守宠罹祸，不若贫贱全身”确为一句洪钟大吕式的醒世警言。

244. 以和为贵

原文

天地和则万物生，君臣和则国家平，九族和则动得所求、静得所安。是以圣人守和，以存以亡也。……贫非人患，惟和为贵，汝其勉之。

解题

本篇选自向朗《遗言戒子》。向朗，三国时蜀国大臣，封显明亭侯。他在当时以好读书著称，博得朝野敬重。这篇遗言的中心意思是“和为贵”。

译文

天地相和才有万物生长；君臣一心才有国家安宁；九族亲和，行动起来就能成事，安居之时也能平安。所以圣人都遵行一个“和”字，和则存，不和则亡……贫不是真正的疾患，惟有和才是最可贵的，你可要尽力去做啊！

评点

其实，除了大是大非的问题，一般的东西，让让又何妨？以和为贵。所谓的“宽松”“和谐”“祥和”应该都是这个道理。

245．教子当及早

原文

上智不教而成，下愚虽教无益，中庸之人，不教不知也。……凡庶纵不能尔，当及稚婴，识人颜色，知人喜怒，便加教诲，使为则为，使止则止。比及数岁，可省笞罚。父母威严而有慈，则子女畏惧而生孝矣。吾见世间，无教而有爱，每不能然；饮食运为，恣其所欲，宜诫翻奖，应呵反笑，至有识知，谓法当尔。骄慢已习，方复制之，捶挞至死而无威，忿怒日隆而增怨，逮于成长，终为败德。

解题

本篇选自颜之推《颜氏家训·教子》。颜之推，见 005“有志者当勉学以就业”。

译文

智力超群者不用教育就可成才，智力低下者即使加以教育，也没有什么用处，智力中等的人不加教育，就没有智慧。……平民的子女虽说不能像帝王之家那样教育，但应当在小孩子能辨别大人脸色、知道大人喜怒的时候，便加以教诲。让他做什么，他才能做，让他停止，他就要停止。这样当他长大几岁之后，就可以不必进行鞭打之类的惩罚了。父母威严而慈爱，子女才会因畏惧而生孝心。世上的人们不加教诲便想孩子生爱，往往达不到目的。日常饮食住行，随其所欲，应加惩诫的，反加奖励；应该斥责的，反加笑赞，孩子有些知识后，就会以为这样的做法是正确的。骄贵傲慢养成习惯，再想管束，你就是打死他也不会产生作用，他反而会因怒而产生怨恨，等到长大之后，终会成为无德之人。

评点

除了天生的痴呆以外，所谓的上智下愚是没有的。也就是说，每个人都存在接受教育的问题。家长教育是各种教育的开始，并且有关品德、为人、处世等方面的教育，家长是最主要的老师。要做这方面的工作，一方面要求家长以身作则，为孩子在做人、待客、接物等方面作出表率；另一方面，孩子犯错误时，当责则责、当止则止，千万不能任其所为。

246. 子有疾病，当用汤药针艾

原文

凡人不能教子女者，亦非欲陷其罪恶；但重于呵怒，伤其颜色，不忍楚挞惨其肌肤耳。当以疾病为喻，安得不用汤药针艾救之哉？又宜思勤督训者，可愿苛虐于骨肉乎？诚不得已也。

解题

本篇选自颜之推《颜氏家训·教子》。颜之推，见 005“有志者当勉学以就业”。

那些不善于教育子女的人，也不是想把子女推入罪恶之地；只是多口中喝斥怒骂，让其害怕，不忍加以鞭抽棍打、伤及皮肤罢了。应该用疾病打比方，孩子得了病，治病的方法是汤药针灸都要用的。还应该想一想，那些经常督察教训孩子的人，有哪一个是愿意让孩子皮肉受苦的呢？确实是不得已的缘故。

评 点

这里谈到了体罚。教子固应从严，但体罚还是以不用为好。不过为了使孩子记忆深刻，有时用一下也属可行，只是应掌握限度，掌握部位，不能不管头胸，一顿死打。另外，等孩子懂得道理，上学之后，就不应该采取这种方式了。

247. 偏宠孩子，恰是害子

人之爱子，罕亦能均；自古至今，此弊多矣。贤俊者自可赏爱，顽鲁者亦当矜怜。有偏宠者，虽欲以厚之，更所以祸之。

解 题

本篇选自颜之推《颜氏家训·教子》。颜之推，见 005“有志者当勉学以就业”。

译文

人们喜爱自己的孩子，很少能够一视同仁的。自古至今，这一弊病的表现太多了。作为长辈，聪明俊美的孩子自然会加倍喜爱，但顽皮愚鲁的孩子也要照顾怜惜。偏爱孩子，虽然是想要对他更好些，但恰恰给他带来了祸患。

评点

父母偏心，是古来有之的家庭大病。有此病者当从这段话中吸取教益，痛加改正。

248. 结交天下，兄弟为先

原文

兄弟不睦，则子侄不爱；子侄不爱，则群从疏薄，则僮仆为仇敌矣。如此，则行路皆踖其面而蹈其心，谁救之哉？人或交天下之士，皆有欢爱，而失敬于兄者，何其能多而不能少也！人或将数万之师，得其死力，而失恩于弟者，何其能疏而不能亲也！

解题

本篇选自颜之推《颜氏家训·兄弟》。颜之推，见005“有志者当勉学以就业”。

兄弟不和睦，对子侄就不会友爱；对子侄不友爱，对族中子弟的关系就更疏远，至于佣人奴仆，则近于仇敌了。如果这样，过路人都会来欺辱你，有谁来救你呢？一个人可以结交天下的人，并都处得很好，而惟独对兄长不尊敬，对很多的人都能友爱，为什么不能与仅有的兄长友好相处呢？一个人可以率领数万军队，并能使他们拼死作战，惟独对弟弟没有恩情，能对外人施恩，为什么不能对亲人施恩呢？

人之爱人，当由近及远，由亲至疏。颜之推文中的两种人，还能称为人吗？当然，兄弟之间也会有矛盾，但矛盾的存在不应该危及骨肉之亲，手足之情。

249．婚姻素对，自当谨慎

婚姻素对，靖侯成规。近世嫁娶，遂有卖女纳财，买妇输绢，比量父祖，计较锱铢，责多还少，市井无异。或猥婿在门，或傲妇擅室，贪荣求利，反招羞耻，可不慎欤！

本篇选自颜之推《颜氏家训·治家》。颜之推，见005“有志

者当勉学以就业”。

婚姻嫁娶，不能贪慕财势，这是我们的祖先靖侯颜含规定下的家诫。近世之人在嫁娶事上，或者卖女收钱，或者以绢买妇，攀比父祖官职，争较钱物多寡，讨价还价，就像市场交易一样。这样做的结果，导致或者嫁了一个鄙贱的夫婿，或者娶了一个悍妒狂傲的妻子，贪图荣华，追求名利，反招来了耻辱。婚姻之事可不能不谨慎啊！

在我们周围，贪图财势而论婚求娶的事情也有不少，为娶媳妇而负债累累、倾家荡产的事情也时有所闻。这样的婚姻并没有建立在感情基础上，即使筹备齐了索要的钱物，结婚之后也不会幸福。

250. 非理所得，与盗贼何别

比见亲表中仕宦者，多将钱物上其父母，父母但知喜悦，竟不问此物从何而来。必是禄俸余资，诚亦善事，如其非理所得，此与盗贼何别？纵无大咎，独不内愧于心？……汝今坐食禄俸，荣幸已多，若其不能忠清，何以戴天履地？

解题

本篇选自卢氏《训子崔玄玮书》。崔玄玮，唐代大臣，武则天时官拜中书令，封陵公，卒谥文献。卢氏是崔玄玮之母。在训文中，卢氏要求儿子做清官。崔玄玮遵从母教，在当时以清廉、谨慎著称。

译文

我常见亲戚中有做官的人，将大量钱物奉送给父母。父母只知道高兴，却不问钱物从何而来。如果是从俸禄中省下来的，当然是好事，但如果不是从正路上来，就与盗贼没有区别了。即使没有什么大过错，难道内心就不惭愧吗？……你如今享受国家俸禄，这样已是很大的荣幸了，如果不能忠诚清廉，还有何面目立于人世？

评点

当今之世，多有父母享受子女的不劳而获之财者。更有甚者，还为犯罪的子女销赃洗钱。相比之下，这位一千三百年前的卢老夫人，要求儿子修身洁己，非理勿取，思想境界多么高尚！

251．辱先丧家五戒

原文

夫坏名灾己，辱先丧家，其失尤大者五，宜深志之。其一，自求安逸，靡甘澹泊，苟利于己，不恤人言。其二，不知儒术，不悦古道，懵前经而不耻，论当世而解颐，身既寡知，恶人有学。其三，胜己者厌之，佞己者悦之，唯乐戏谭，莫思古道，闻人之善嫉之，闻人之恶扬之，浸渍颇僻，销刻德义，簪裾徒在，厮养何殊。其四，崇好慢游，耽嗜曲糵，以衔杯为高致，以勤事为俗流，习之易荒，觉已难悔。其五，急于名宦，趋近权要，一资半级，虽或得之，众怒群猜，鲜有存者。兹五不是，甚于痤疽。痤疽则砭石可瘳，五失则巫医莫及。

解题

本篇选自柳玭《戒子弟书》。柳玭，见 075“门第高者，更须修己”。

译文

败坏名声、给自己带来灾祸、使祖先蒙受耻辱、使家庭陷于破败的过失，尤其大的有五个方面，应该深深记住。其一，自己只求安逸，不甘于淡泊，如果对自己有利，对别人的意见不置一顾。其二，不知道儒家之道，不喜欢古人的经验，对儒家经典茫然无知而不感到羞耻，谈到当今之俗事则兴高采烈，自己不学无术，却嫉恶别人有学问。其三，讨厌超过自己的人，喜欢谄媚自己的人，只是津津乐道于空谈，不寻求古圣贤的道理，听到别人的善行就嫉恨，听到别人的恶事就宣扬，整个身心被歪门邪道所占据，德行仁义已消磨殆尽，表面上还像个正人君子，实际上与奴仆下贱没有区别。其四，喜好游玩，沉醉美酒，以喝酒为高雅，以勤劳为世俗，这种恶习极易沉醉下去，发觉时后悔已来不及。其五，急于成名做官，谄媚奉承权臣要人，虽可能得到一官半职，但众怒之下，猜疑之中，也难以久长。这五种毛病比疖疮更厉害。疖疮可以用药品针灸治疗，而五失则是谁都医不好的。

评 点

归纳起来，五失可概括为自私自利、不学无术、嫉贤妒能、好逸恶劳、逢迎拍马，即使在今天，这五失也是极重大的缺点。具备这五失之一的人，应及早改正，否则可是巫医无及。

252．贪赃枉法者非吾子孙

原 文

后世子孙仕官，有犯赃滥者，不得放归本家；亡殁之后，不得葬于大茔之中。不从吾志，非吾子孙。

解 题

本篇选自包拯《戒廉家训》。包拯（999—1062），北宋大臣，天圣年间进士，官至龙图阁学士、枢密副使，平生以刚正执法著称，执法严峻，不畏权势，世号“黑脸包公”，民间呼为“包青天”，为封建社会最著名的清官。他不仅自己清廉，还要求家人不得贪赃枉法。他在家中立碑，以警诫教育子孙后代，这篇文字即是碑上的文字。

译 文

后世子孙做官，有为官不廉、贪赃枉法者，不得回到包氏家族；死亡之后，不得葬于包家墓地之中。不遵从我的意志的，不是我的子孙。

评点

包拯其人，在民间可称家喻户晓，他立碑诫子孙，其举可嘉，由此也可知他自己必持身刚正。如果今天多一些像包拯这样的家长，贪赃枉法者会少却许多。

253. 慈母败子

原文

为人母者，不患不慈，患于知爱而不知教也。故古人有言："慈母败子。"爱而不教，而沦于不肖，陷于大恶，入于刑辟，归于乱亡，非他人败之也，母败之也。

解题

本篇选自司马光《家范》。司马光，见 222"吾以俭素为美"。

译文

作为母亲，不必担心对孩子不慈爱，而应注意只知溺爱而不知管教。古人说："慈母败子。"只知溺爱，不知管教，就会使孩子沦为不贤之人，做出大恶之事，受刑法制裁，最后归于作乱和灭亡。这不是别人毁坏了他，而是慈母毁掉了他。

评点

"爱而不教"的教训有千万之多。司马光在这里逐层深入地揭示了“慈母败子”的危害，当使那些只知溺爱孩子、不思管教的父母出一身冷汗。

254. 子孙上策为服农

原文

风俗方日坏，可忧者非一事，吾幸老且死矣，若使未遽死，亦决不复出仕。……吾家本农也，复能为农，策之上也。杜门穷经，不应举，不求仕，策之中也。安于小官，不慕荣达，策之下也。舍此三者，则无策也。汝辈今日闻吾此言，心当不以为是，他日乃思之耳。

解题

本篇选自陆游《放翁家训·戒子弟》。陆游，见037“戒无堕家风”。

译文

世道风俗是愈来愈坏了，不止一件事使我忧虑，幸亏我已经老了，而且快要死了，但即使我不能马上就死去，我也决不出去做官。……我们家本来就是农民，从事农作是最好的上策。闭门守志，直至穷死也不求仕进，是中策。安于做一个小官，不羡慕荣华腾达，是下策。除了这三策，就再也没有其他办法了。你们现在听了这样的话，心中肯定不以为然，但以后你们好好想想就会明白了。

评点

封建社会，家长无不希望自己的子孙通过读书、考试，走上做官的道路。相比之下，陆游让自己的孩子以务农为上，确实难能可贵。

255. 爱护身家，在于安宁和睦

原文

人孰不爱家、爱子孙、爱身？然不克明爱之之道，故终焉适以损之。一家之事，贵于安宁和睦悠久也，其道在于孝悌谦逊。仁义之道，口未尝言之，朝夕之所从事者，名利也；寝食之所思者，名利也；相聚而讲究者，取名利之方也。言及于名利，则洋洋言有喜色；言及于孝悌仁义，则淡然无味，惟思寝卧。幸其时数之遇，则跃跃以喜，小有阻意，则燥闷若无容矣。如其时数不遇，则朝夕忧煎，怨天尤人。至于父子相夷，兄弟叛散，良可悯也，岂非爱之适以损之乎！

解题

本篇选自陆九韶《居家正本制用篇》。陆九韶，见 038“为人当以贫富贵贱为末”。

译文

只要是人，谁不爱家、爱子孙、爱自身呢？然而，不明白爱家、爱子孙、爱自身的道理，最终恰恰将会损害这些。家中之事，当以安宁、和睦、悠久为贵，而其途径，则是孝悌谦逊。口中从来没有谈过仁义的道理，朝夕所从事的是追求名利，吃饭睡觉所想的是名利，聚在一起谈论的也是获取名利的办法。说到名利就面带喜色、洋洋得意，说到孝悌仁义就淡然无味、只想睡觉；偶一得志便沾沾自喜，小有阻碍便烦恼不已，没脸见人；如果不能得志，便寝食不安，怨天尤人，有的甚至父子相残、兄弟叛离，真是让人惋惜。这岂不是爱之却反而损之吗！

评点

爱子女，就应该教育儿女做人的道理，让他们明白，做人应立大志，成大事，敬老人，尊师长，勤奋学习，努力工作，而不是教他们追名逐利，只为自己打算。如后者，就是害了孩子，就是爱非其道。

256. 居家切忌七病

原文

居家之病有七：曰笑，曰游，曰饮食，曰土木，曰争讼，曰玩好，曰惰慢。有一于此，皆能破家。其次贫薄而务周旋，丰余而尚鄙啬，事虽不同，其终之害，或无以异，但在迟速之间耳。

解题

本篇选自陆九韶《居家正本制用篇》。陆九韶，见 038“为人当以贫富贵贱为末”。

译文

住家过日子妨害最大的毛病有七种：就是笑骂喧哗，喜好游乐，饮食求精，喜动土木，爱打官司，收集珍玩，懒惰轻慢。有其中一个毛病，就能使家庭破败。此外，本来家境贫穷，却喜好交游应酬；家境丰余，便鄙视节俭，尽管事情与上述七病不一样，但最终的害处没有什么不同，只是早一些或晚一些罢了。

评点

时代不同了，对如何使生活更加丰富多彩，认识当然不会一样，比如这里提到的居家七病，一般意义上，在今天就不算什么严重的事情。但事情都有一个“度”，过了度就是毛病，这是应该注意的。

257. 当为子孙计长远

原文

君子岂不为子孙计？然其子孙计则有道矣。种德，一也；家传清白，二也；使之从学而知义，三也；受以资身之术，如才高者，命之习举业、取科第，才卑者，命之以经营生理，四也；家法整齐，上下和睦，五也；为择良师友，六也；为娶淑妇，七也；常存俭风，八也。如此八者，岂非为子孙计乎？

解题

本篇选自倪思《经鉏堂杂志》。倪思，见220“善处贫者，节食以完衣”。

译文

有道德的人怎么不为子孙打算呢？但他们为子孙打算自有自己的途径：第一是为子孙留下美德；第二是家传清白；第三是让子孙学习从而知道礼义；第四是让子孙掌握生存的本领，有才华的，就让他学习科举的艺业，求得科考登第，没有才华的，就让他们学习经营家业的本领；第五是家法严整，上下和睦；第六是为子孙选择良师益友；第七是为子孙求娶贤惠的妻子；第八是家中常存节俭的家风。这八点岂不就是为子孙打算吗？

评点

为子孙计，当计深远。今天的家长是否也应按子女的才华和意愿来决定他们的将来呢？有的家长望子成龙，尽管子女千不愿、万不愿，仍要求他们学钢琴、学书法；有的父母为了使子女“出息”，不惜棍棒教育，结果酿成悲剧。这都是为子孙计而不当的表现。看来，在这一点上，真要好好学一学古人呢！

258. 人家兴衰，皆系乎积善与积恶

原文

人家兴衰，皆系乎积善与积恶而已。何谓积善？居

家则孝悌，处事则仁恕，凡所以济人者皆是也；何谓积恶？恃己之势以自强，掠人之财以自富，凡所以欺心者皆是也。是故能爱子孙者，遗之以善；不爱子孙者，遗之以恶。

解题

本篇选自郑太和《郑氏规范》。郑太和，元代人。郑家自宋代时的郑绮即以孝义著称，太和为其六世孙，官龙湾税课提领。他综合以前的家训并加以发展，辑成《郑氏规范》五十八则。后其子孙又陆续增益，总数为一百六十八则。

译文

一个家庭的盛衰，主要在于其积善还是积恶。什么叫积善呢？积善就是在家庭中孝敬长者，友爱兄弟，在处理事情上要仁义、宽恕，凡是去帮助别人的都是积善；什么是积恶呢？积恶就是依仗自己的势力巧取豪夺，将别人的财物据为己有，凡是干欺心的事情都是积恶。所以爱子孙的人要把善留给他们；不爱子孙的人才把恶传给他们。

评点

古语有云：“积善之家，必有余庆；积不善之家，必有余殃。”这是从天道观的角度讲的。我们从“公道自在人心”角度看，这句话也是成立的。

259. 为家以正伦理为本

原文

为家以正伦理、别内外为本，以尊祖睦族为先，以勉学修身为教，以树艺畜牧为常。居以节俭，行以慈让，足己而济人，习礼而畏法，亦可以寡过矣。

解题

本篇选自方孝孺《侯城杂诫》。方孝孺，见011“少不笃行，老悔何追”。

译文

治家应当以伦理有正、内外有别为根本，以尊敬祖先、和睦亲族为第一，以勉力勤学、修身持正为家教，以身守一艺、农耕畜牧为久常。居家以节俭为本，行事以慈让为先；自己丰足了，要去帮助他人；熟习礼节而遵守法度，这样就可以少犯过失了。

评点

古人是很看重家庭伦理的，认为伦理不正则家不齐，家不齐则国不治，发展到极端的，就是“三纲五常”。今天我们批判古代的纲常之说，但也还要保持并遵行人伦、宗族、持正之说，更不必说勤学、节俭、守法了。

260. 愿家中有好子弟

原文

伦别无他嘱，为人祖宗父兄者，惟愿家有好子弟。所以有好子弟者，非好田宅、好衣服、好官爵，一时夸耀闾里者也。谓有好名节，与日月争光，与山岳争重，与霄埌争久，足以安国家，足以风四夷，足以奠苍生，足以垂后世，如汴宋之欧阳修，如南渡之文丞相也。若只求饱暖，习势利，如前所云，则所谓恶子弟，非好子弟也。此等子弟，在家未仕也，足以辱祖宗，殃子孙，害身家；出而仕也，足以污朝廷，祸天下，负后世，甚至子孙有不敢认，如宋之蔡京、秦桧，此岂父兄祖宗之所愿哉？

解题

本篇选自罗伦《戒族人书》。罗伦（1431—1478），明代学者。成化二年（1466）进士第一，授翰林修撰。因上书得罪贬职，后复起用，但旋引疾归乡，筑室著书，时人称一峰先生。他为人刚正，严于律己，里居倡行乡约，人莫敢违，这篇《戒族人书》是他任职时写给家人的。

译文

我没有其他嘱咐，为人祖宗父兄的，都愿有好子弟。所谓好子弟，不是以美田大宅、鲜衣皮裘、高官厚禄来夸耀乡里，而是有好的名声。这种好名声可以与日月争光，与山岳争重，与天地争久，足以安定国家，感化四方，安乐民生，流芳百世，就像北宋的欧阳修、南宋的文天祥那样。如果只求饱暖、趋势逐利，以田宅、衣服、官爵夸耀乡里，就是恶子弟，不是好子弟。这样的子弟，没有当官的，足以使祖宗蒙辱，使子孙遭殃，使身家性命罹祸；出门做官的，足以玷污朝廷，祸害天下，遗臭后世，甚至子孙都不敢承认其为祖先，就像宋代的蔡京、秦桧。这绝不是父兄祖宗们所期待的。

评点

世人莫不希望子孙有出息，即所谓望子成龙是也。但你千万莫要忽视，要使子孙成为好子弟，不要成为恶子弟。好子弟会与日月争光，恶子弟只会败家乱世。

261. 一忍一让便齐得家

原文

盖未有治国不由齐家，家不齐而求治国，无此理也。何谓齐家？不争田地，不占山林，不尚争斗，不肆强梁，不败乡里，不凌宗族，弟让其兄，侄让其叔，妇敬其夫，奴恭其主；只要认得一“忍”字，一“让”字，便齐得家也，其要在子弟读书与礼让。

解题

本篇选自罗伦《戒族人书》。罗伦，见 260“愿家中有好子弟”。

译文

不从齐家开始治国的，大概没有。没有家不齐而求治国的道理。什么是齐家呢？齐家就是不争田地，不占山林，不喜欢争斗，不逞凶暴，不败坏乡里，不欺凌宗族，弟让其兄，侄让其叔，妻子敬重丈夫，奴仆对主人恭敬；一个人只要认识一个“忍”字、一个“让”字，就可以齐家。齐家的关键在于子弟读书及懂得礼让。

评点

这里提到齐家标准，自然有浓厚的封建时代烙印。但忍让持家，不尚奢侈，互敬互让，即使在今天，也是应该提倡的。一家人争斗不已，如乌眼鸡，何来力气做事业，求上进？

262. 从古圣贤，没一个不仔细小心

原文

大都世态炎凉，而宦途人多疑忌，议论间，常要小心打点，未可如居乡率心与宦途人应对也。莫视应对为末节，要知洒扫应对，便可精义入神。试味足以兴，足以容，皆是小心中做出事业。从古圣贤，没一个不仔细

小心，只有子路率尔对，夫子哂之。须慎哉，须慎哉？

解题

本篇选自李际阳母《与子书》。李际阳，见 041“从古圣贤，皆是以身借人”。

译文

大城市世态变化无常，并且做官的人多好疑忌。你在日常交谈中，要小心慎重，不能像在乡间居住时那样，实心直言地与做官的人答对。不要把交谈看成是小事，要知道修饰语言便可精研事物的大义，达到神化境地。你试着想一想，兴旺发达的人都是在小心中做出事业的。古代圣贤没有一个不仔细小心的，只有子路没考虑成熟便回答孔子的问话，还受到孔子的讥笑。必须谨慎啊，必须谨慎啊！

评点

很多人以不拘小节、飞扬轻傲为潇洒，为风度，岂不知“洒扫应对，便可精义入神”，经常忽视细枝小节的人，最终也难有大成。

263. 孝友勤俭，为立身第一义

原文

孝、友、勤、俭，最为立身第一义。必真知力行，奉此心为严师，就事质成，反躬体验，考古人前言往行，而审其所从，必思有所持循，无为流俗所蔽，若残忍骄奢，百行裂矣，他复何望哉！然为父母者，尤当身任其责。……必父兄勉自克责，严守章程，使诸弟子承风凛然，更相申饬，不敢坠先贤之明训，庶几能世其家。

解题

本篇选自庞尚鹏《庞氏家训》。庞尚鹏，见 019“玩物丧志，即为身家之蠹”。

译文

孝敬、友爱、勤奋、俭朴四事，是立身处世第一要义，必须深刻了解，努力实行。把这几个字作为严师，做每件事就要反问实行得如何，加以反复体验；还要考察古人的言行，以详审他们行动的根据。做事一定要有所依循，不为流俗风言所蒙蔽。如果残忍骄奢，他的品行就崩坏了，其他的还有什么希望呢？在这方面，做父母的，首先要负起责任来。……父兄勉力尽职尽责，严守章程，使子弟们闻风凛然，互相监督勉励，不敢违背前代贤人的明训。这样，就可以长久传家了。

评点

每个人立身处世，都有一个方向，都有一个自我标准，庞尚鹏在这里提出的“孝友勤俭”四字是否可作为今人的标准呢？我们可以肯定地说，做到了这四个字，他一定是个诚实敦厚、兢兢业业的好人，一定是一个对社会有益的人。如何造就这样的人呢？除个人的努力，还要有家庭的教育和熏陶，在青少年时代，这点尤其重要。

264. 子弟入学，要常考察

原文

子弟从师问业，本有课程，尤当旦暮间察其勤惰、验其生熟，使知激昂奋发，有所劝惩，乃不负责成之志。

解题

本篇选自庞尚鹏《庞氏家训》。庞尚鹏，见019“玩物丧志，即为身家之蠹”。

译文

家中子弟跟从教师学习，每天都要考课进程，尤其应该在早晚之时，考察他是勤奋还是懒惰，检验所学经书是生疏还是纯熟，要让他知道激昂向上，奋发努力，并要有所奖励与惩罚，这样，才不致白白浪费责子有成的努力。

评点

孩子上学，有老师指导学习，但家长的责任仍没有完结，你还要检查你的孩子学习的进度、掌握知识的能力和存在的差距，以便对症下药，解决问题。这个工作，并不是要你在家庭里代替学校完成孩子的学业，而是要与学校配合。另一方面，对优劣加以惩奖，也要讲究方式，最好不要采取金钱与物质奖励，也不要动辄体罚。至于为督促孩子学习，打死打伤孩子，简直就是蠢人的举动了。

265. 父兄须教子弟

原文

子弟智愚贤不肖虽有天命，然父兄须教以读书，皆不可令废弃。纵痴蠢顽悍，若少知理义，亦不敢肆然为非，至不可理论也。家贫力难延师，父自教之；弟若幼小，则兄教之。使子弟知书循礼，则父兄亦可免不良之累，彼此俱有益矣。

解题

本篇选自徐三重《家则》。徐三重，见 188“子弟读书之外，宜令练达”。

译文

家中子弟是聪明还是愚笨，是贤德还是不肖，虽然是天生的，但父兄还必须要教他们读书，不可让他们废弃学业。即使是痴呆、蠢笨、顽劣、凶悍的子弟，如果稍微知道一些理义，也不敢肆无忌惮地为非作歹，以至到不可理喻的地步。家中贫穷，难以延请先生，父亲就要自己教育；如果弟弟幼小，哥哥就要教育。如果使家中子弟知书知礼，那么父兄也可免除子弟不良的连累，对彼此都有好处。

评点

教育子弟需同心协力。子女未入学，主要应由父母教育；子女入了学校，父母仍不能放弃教育之职。子女知书达礼，父母亦可面上有光，你以为如何？

266. 子弟性行最宜检防

原文

子弟性行最宜检防。其淫博酗狂、势必破荡者，固宜痛加绳饬，至于结待任侠、走马击剑、驰逐鹰狗、演学拳捷、交接狭邪、放浪酒食、出入坊肆、流连歌舞，及小时畜养鸟鹊、弹射飞走，一切无益有损之事，皆应禁绝，不得视为幼稚。漫同嬉戏，恐习以性成，使乖端悫。门户所系，乌得不严？

解题

本篇选自徐三重《家则》。徐三重，见 188“子弟读书之外，宜令练达”。

译文

家中子弟的品性和行为最应该加以检查防范。淫邪、赌博、酗酒、放荡之类势必导致家破身亡的行为固然应该严加禁止，而诸如成帮结伙、自命侠义、跑马击剑、玩鹰弄狗、演学拳脚、交结不正、随意吃喝、出入于茶楼酒肆、流连于舞女歌妓，以及小时候畜养鸟鹊、以弹弓击射飞鸟等，一切对于孩子成长有损无益的事，都应该禁绝，不要把这些视为幼稚之举，当作儿戏，漫不经心。如果孩子习以为常，就会养成乖戾的本性。这事与门风好坏相关，怎么能够不严加管教呢？

评点

许多青年父母在教育孩子问题上，感到无处下手，不知道什么是应该鼓励孩子做的，什么是不应由孩子做的，有些父母甚至以孩子会打人骂人为荣耀，这大悖于育儿之旨。什么是应该禁止的？这里提出了一长串不良行为，可供青年父母们参考。

267. 人家盛衰，只看后来人如何

原文

人家盛衰，只看后来人如何。后来人贤不肖，未必是天生定，亦只在学不学耳。学则检束身心，存养德性，处世接人，只循道理，不肯忽略。一起心动念，便恐不合于天，便恐不合于人，便恐得罪于鬼神；宁过于厚，不肯流于薄，如此等人，心地光明，行事平易，处富贵可长保富禄，处贫贱可免耻辱，即此便是盛也。若不学之人，但知利己，不顾损人，人我相忒分明，即父子夫妇兄弟间，也割樊篱、分尔我；广大心胸，分割狭小，更何地方容人，更何地方受福？如此等人，处富贵多敛怨，处贫贱不免苦恼，即此便是衰也。人皆言盛衰皆是无数，若如此看，盛衰却是人自取也。故曰：祸福无不自己求之者。

解题

本篇选自周怡《衡山寄示贵儿》。周怡，见013“作人要立决烈志，奋刚大气”。

译文

个人和家庭的盛衰，只看后代人如何便知。后代是贤还是不肖，未必是天生的，也在于他们是学还是不学。学，就会收敛和约束自己的身心，保存和培养自己的德性，待人处事都按道理而行，不肯有所忽略。每当起心动念，都深恐不合于天理，深恐不合于人道，深恐得罪了鬼神；宁可过于厚道，也不流于刻薄。这样的人，心地光明，行事平易，处于富贵之地，可以长保富贵；处于低贱之地，也可免受耻辱，这便是盛。不知学的人，只知对自己有利，不顾损害他人，把别人与自己分得特别分明，即使是父子、夫妇、兄弟之间，也是你我分明，如隔樊篱，把一个很广大的心胸，自己分割得极为狭小，这样还有什么地方容纳他人，还有什么地方接受福祉呢？这样的人，处于富贵之地，就会招来很多怨；处于贫贱之地，便会有许多烦恼，这就是衰。人们都说，家道盛衰，皆由天定，若从上述看来，盛衰却是各人自取的。因此说：祸福无不是自己找来的。

评点

从这一篇议论看，家道盛衰，主要看后代的表现，而人的德性、心地、处境无不与学习有关。今天的人们，不光要给子孙遗留下一个殷实的家底，更重要的是，要培养子孙努力为学的精神，让他们懂得道理、培养德性、严以待己、厚以待人、心地光明、致力事业，如此，方可称为家庭的希望。

268. 兄弟如手足

汝兄弟二人，正如我两足，虽左右异向，正如相成而不相戾。况本无可争，但以一往之气，遂各挟所怀，相为疑忌，先人孝友之风坠，则家必不长。天下人无限，逆者、顺者，且付之无可如何，而徒于兄弟一言不平，一色不令，必藏之宿之乎？

解题

本篇选自王夫之《己巳九月书授敔》。王夫之（1619—1692），明末清初思想家，明亡时他曾举兵抗清，兵败后隐居衡阳，以讲学著述为生，世称船山先生。敔，是他的儿子王敔。此信写于康熙二十八年（1689），教导儿子以国家大事为念，不要计较兄弟间的小事。

译文

你们兄弟二人正像我的双脚一样，虽然左右相反，但正好相配合而不相矛盾。本来没有什么好争的，但因为过去的一件小事所结下的怨气而各执己见，互相猜忌，祖先的孝顺父母、友爱弟兄的传统一旦失去，家庭必然不能长久兴旺。天下有许多与我们意见相同或相反的人，我们都只能对之无可奈何，难道兄弟之间有一句话不对、一个脸色不好看，就一定要结下宿怨吗？

一家之中，兄弟友爱，自会有一番向上气象。反之，兄弟之间有如仇敌，“一个个乌眼鸡似的，恨不能我吃了你，你吞了我”，这样的家庭，也必然如《红楼梦》中的贾府，“忽喇喇大厦将倾”。更难想象，在家中与弟兄都搞不好关系的人，在社会上会有好的社会关系，长久下去，必成孤家寡人。落到这个地步，还有何出息可言！

269．黎明即起，洒扫庭除

黎明即起，洒扫庭除，要内外整洁；既昏便息，关锁门户，必亲自检点。一粥一饭，当思来处不易；半丝半缕，恒念物力维艰。宜未雨而绸缪，勿临渴而掘井。自奉必须俭约，宴客切勿留连。器具质而洁，瓦缶胜金玉；饮食约而精，园蔬愈珍馐。勿营华屋，勿谋良田。

本篇选自朱柏庐《朱子家训》。朱柏庐，见 102“善欲人见，不是真善”。

译文

天亮的时候就要马上起床，整理屋子，打扫庭院，不论户内户外，都要收拾得整整齐齐；天色黑了就要停止劳作，安心休息，睡觉之前要察看门是否关严，是否锁牢。当我们喝一碗粥的时候，都应当想到每一粒米都是来之不易的，不可以随便浪费糟蹋；我们穿衣服时，即使是半段丝、半段线，也应该想到其生产的艰难，应当万分珍惜。在没有下雨之时，就要预先把房子修好，把门窗安结实，不要在感觉到口渴的时候，才开始去挖掘水井，这样就来不及了。对自己的生活享受，必须要力求俭省节约；请宾客到家里来饮宴，也不要毫无节制地挥霍。日常用的器具要结实而整洁，做到这样，即使你用的是瓦罐泥碗，也要胜过金杯玉盘；饮食简约而精当，产自园中的蔬菜也好过山珍海味。不要花大钱建造豪华的房屋，也不要用尽心思为自己购买膏腴的良田。

评点

这一段关于家常生活的家训实在而又正确，足可作今人的座右铭。

270. 居身务质朴，训子要义方

原文

居身务期质朴；训子要有义方。莫贪义外之财，勿饮过量之酒。与肩挑贸易，勿占便宜；见贫苦亲邻，须加温恤。刻薄成家，理无久享；伦常乖舛，立见消亡。兄弟叔侄，须分多润寡；长幼内外，宜法肃辞严。听妇言，乖骨肉，岂是丈夫；重赀财，薄父母，不成人子。嫁女择佳婿，勿索重聘；娶媳求淑女，勿计厚奁。见富贵而生谄容者最可耻；遇贫贱而作骄态者贱莫甚。

解题

本篇选自朱柏庐《朱子家训》。朱柏庐，见102“善欲人见，不是真善”。

译文

日常生活中，不论说话做事，都务必要时时处处负责、诚实；教育子女要采取适当方法，不可过严，把子女教愚，也不可过宽而使子女放纵。不可以贪图意料之外的钱财，也不可以喝下超过自己酒量的美酒。向肩挑货物沿街叫卖的小贩买东西，不要占他们的便宜；见到亲戚和邻居陷于穷苦境地时要给予照料、帮助。靠刻薄起家的人，不可能长久享用他的财富；人伦常理发生错乱，就会立刻归于灭亡。一家之中，兄弟叔侄要力求公平，收入和贡献要相称；年长年幼都要遵守家中规范，不可没有大小，语言随便。偏听偏信自己妻子的不负责的话，背父母之言，虐待子女之身，不是一个真正的男子汉应有的行为；只看重钱财，甚至克扣父母的生活费用，这便不是作为子女的正确道理。嫁女儿要选择品德端正的、有进取心的女婿，不可以向男方要太多的聘礼；娶媳妇要选择贤惠懂事、品德端正的姑娘，不可以计较嫁妆的多少。看见有钱有势的人就作出谄媚的样子，这种人是最可耻的；遇见穷人就作出一副傲慢无比的样子，这种人是最下贱的。

评点

这一段所讲的道理，是我们每天都要接触到的，想一下，你做得如何？

271. 凡事当留余地

原文

居家戒争讼，讼则终凶；处世莫多言，言多必失。勿恃权势而凌逼孤寡，勿贪口腹而恣杀牲禽。乖僻自是，悔误必多，颓惰自甘，家业难成。狎昵恶少，久必受其累；屈志老成，急则可相依。轻听发言，安知非人之谮诉？当忍耐三思；因事相争，安知非我之不是？须平心再想。施惠勿念，受恩莫忘。凡事当留余地，得意不宜再往。人有喜庆，不可生嫉妒心；人有祸患，不可生欣幸心。

解题

本篇选自朱柏庐《朱子家训》。朱柏庐，见 102“善欲人见，不是真善”。

译文

家庭之间要避免争讼，因为争讼必然带来灾祸；为人处世要少说话，因为言语一多必然出现失误。不可凭自己有钱有势，而欺侮逼迫无依靠的孤儿寡母；不可为了满足自己的食欲，而任意屠杀畜禽。性格乖僻，自以为是，懊悔一定会增加；颓丧懒散、自甘堕落，家业很难发达。同不良少年亲密交往，天长日久，必然会受到他的拖累；主动亲近阅历老成、品德高尚的人，遇有急难之事，就可能得到他们的帮助和指导。不可轻信别人的话，并急于发表自己的意见，因为这也可能是别人在挑拨是非，故意说他人的坏话，在这时要再三思考他说话的用意；不可因为一点事情就同别人发生争执，因为也可能是自己不对，在这时要静下心来，作一番自我反省。给了别人恩惠，不要念念不忘，希望别人报答；得到了别人的帮助，要牢牢记住，一有机会，即当报答。不论做什么事情，都不应该做到尽头，应当留下回旋的余地；不论处事做人，称心如意时就应知足，不可再做一次。别人有了可喜可贺的事不可产生妒忌之心；别人碰上了灾祸和困难不可生幸灾乐祸之心。

评点

在法制社会，许多事情还是要靠法律解决，不能“私了”，这样贻害更大。除了“讼则终凶”这句话外，这段关于为人处世的家训，总体上还是可取的，比如“言多必失”，比如“施惠无念”，比如“得意不可再往”等等。处好人与人之间的关系，归根结底，要通过完善自己的思想境界来实现。

272．教子自幼严饬之始善

原文

为人上者，教子必自幼严饬之始善。看来有一等王公之子，幼失父母，或人惟有一子而爱恤过甚，其家下仆人多方引诱，百计奉承。若如此娇养，长大成人不至痴呆无知，即多任性狂恶，此非爱之而害之也，汝等各宜留心。

解题

本篇选自康熙《庭训格言》。康熙，见 105“过而能改，即自新迁善之机”。

译文

地位显赫的人家，最好的教子办法是从小就严厉教训。据我观察，有的一等王公的公子因自幼失去父母，或父母因只有一个儿子而过分溺爱，他家里的仆人们便多方引诱，百般奉承。如此娇生惯养下去，孩子长大成人，将不是呆傻无知，就是任性狂恶。这样教子，不是爱子，而是害子，你们各自都要留心。

评点

封建时代的有识之士，都认识到真正的爱孩子应是严格管教，而不是放纵娇养。今日父母们在这点上可要看得远一些啊！

273. 教子须长其忠厚之情

原文

我不在家，儿子便是你管束。要须长其忠厚之情，驱其残忍之情，不得以为犹子而姑纵惜也。……夫读书中举中进士作官，此是小事，第一要明理做个好人。

解题

本篇选自郑燮《潍县署中寄舍弟墨第二书》。郑燮，见 193“为人处即是为己处”。

译文

我不在家，我的儿子便由你加以管教。最重要的，是要培养他的忠厚的感情，去掉他的残忍的性情，不要因为他是兄弟的孩子而稍有纵容姑息。……读书、中举人、中进士、做官，都是小事情，最首要的是让他明白道理，做个好人。

评点

常见有的父母教育孩子打人、骂人、抢夺东西，这大与儿童天性相违。久而久之，必会增加儿童的蛮横、凶狠之性，而与忠厚、仁义谦和这些好的品德愈来愈远。寄语年轻父母，日常生活中可潜移默化，成仁人志士还是凶徒刁民，全在平时加意引导也。

274. 教子之道，四戒四宜

原文

父母同负教育子女责任。今我寄旅京华，义方之教，责在尔躬。而妇女心性，偏爱者多，殊不知爱之不以其道，反足以害之焉。正道为何？约言之有四戒四宜：一戒晏起，二戒懒惰，三戒奢华，四戒骄傲。既守四戒，又须规以四宜：一宜勤读，二宜敬师，三宜爱众，四宜慎食。以上八则，为教子之金科玉律，尔宜铭诸肺腑，时时以之教诲三子。虽仅十六字，浑括无穷，尔宜细细领会，后辈之成功立业，尽在其中焉。

解题

本篇选自纪昀《寄内子论教子书》。纪昀，见 205“重与不重，视所自为”。纪昀在京城任职，教子的重任完全由妻子承担，他恐妻子溺爱孩子，便写此信，提出教子的四戒四宜。

译文

父母应是共同担负教育子女的责任的。现在我寄住在京城，教育孩子行为合乎礼法的重任应由你自己承担了。妇女的心性多是偏爱孩子，殊不知不从正道爱孩子，反倒是害了他们。教子的正道是什么呢？简言之有四戒四宜：一戒晚起，二戒懒惰，三戒奢华，四戒骄傲。能够遵守四戒，还要立下四宜的规矩：一宜勤奋读书，二宜尊敬师长，三宜善爱众生，四宜节制饮食。以上八则是教子的金科玉律，你要铭记不忘，时时用来教育三个儿子。这十六字虽少，但包含了无穷的内容，你要细细领会，因为后代的成功立业都在其中啊！

评点

这则家训词严而义婉，不仅有“不准”，还有“应该”，足可为家法之鉴。有人也是教子从严，但只是不准干这个，不准干那个，但应该干什么，他却说不上来，这样就不能为孩子的成长指明方向，就会误了孩子的前程。这样的人，不如读一下这则家训。

275. 兄弟不可偏废，父子不可离心

原文

妇言是听，兄弟必成寇仇；惟利是图，父子将同陌路。而兄弟者，手足也，不可偏废；父子者，根本也，岂可离心！

解题

本篇选自钱咏《示子》。钱咏，见 025“一味因循，大误终身”。

译文

只听妻子的话，兄弟必定会成为仇敌；只贪图私利，父子将会同陌生人一样。兄弟就像手足一样，不可偏废；父子就像树根与树干一样，怎可离心！

评点

父子亲善，兄弟和睦，家庭才会兴旺，事业才会发展。这是古往今来的持家格言。在这里还有一点要注意，说“只听老婆话便会兄弟相仇”不够客观，这里有对妇女不尊重的成分在内，应予批评。

276. 忍让为居家美德

原文

忍让为居家美德。不闻孟子之言三自反乎？若必以相争为胜，乃是大愚不灵，自寻烦恼。人生在世，安得与我同心者相与共处乎？凡遇不易处之境，皆能掌学问识见。孟子“生于忧患”“存乎疢疾”，皆至言也。

解题

本篇选自吴汝纶《谕儿书》。吴汝纶，见 107“凡为人先从孝友起”。

译文

忍让是搞好家庭关系的美德。你没有听过孟子说的“三自反”的话吗？如若必得以相争来取胜，那就是大愚鲁钝之人，就是自寻烦恼。人生在世，哪里能够全同与我同心的人生活在一起呢？但凡遇到不容易相处的境况，都能够增加你的学问知识。孟子所说的“生于忧患”“存乎疢疾（灾祸）”都是至理名言啊！

评点

孟子所说的“三自反”是指有人对我无礼时我要再三反省自己，是否对他有不仁、不礼、不忠的行为。在今天，我们更应该发扬这种三自反精神，不要睚眦必报，自寻烦恼。

277．耕乃保世承家之本

原文

近世以耕为耻，只缘制科文艺取士，遂竞趋浮末，耻非所耻耳。若汉世孝悌力田为科，人即以为荣矣。实论之，耕则无游惰之患，无饥寒之忧，无外慕失足之虞，无骄奢黠诈之习。思无越畔，土物爱，厥心藏，保世承家之本也。但因而废学，一任蚩顽，则不可耳。

解题

本篇选自张履祥《训子语》。张履祥，见207“做人须有宽和之气”。

译文

近代的人们以农耕为耻辱，这是因为国家以八股文科举、词章文艺来录取做官的人，人们竞相奔走于浮末之事，以不应该耻辱的事情而耻。如果像汉代那样，以孝悌力田来选拔人才，人们就都会以耕田为荣了。说实在的话，从事农耕就没有游乐、懒惰之患，没有饥饿、寒冷之忧，没有羡慕外物而失足犯过的担心，不会沾染骄奢狡诈的习气。在思想上不背离为人之道，爱护土地万物，心怀善良，才是保全自身、继承家业的根本。但不可因为耕田而荒废了学业，放任于刁恶痴顽。

评点

无耕即无粮。今天的父母们在对待农民的态度上也应做些调整，不应该“以农为耻”，而应“以农为荣”。

278．居家切要，在勤俭忍字

原文

谚曰：一日之计在于寅，一年之计在于春，一生之计在于勤。起家的人，未有不始于勤而后渐流于荒惰，可惜也。《书》曰：慎乃俭德，惟怀永图。起家的人，未有不成于俭而后渐废于侈靡，可惜也。……既勤且俭矣，尤在忍之一字。偶以言语之伤，非横之及，不胜一朝之忿，构怨结仇，致倾家室，可惜历年勤俭之苦积一朝轻废也，而况及其身，并及其先人哉！宜切戒之。

解题

本篇选自姚舜牧《药言》，姚舜牧，见017“人贵立志，磨砺益坚”。

译文

谚语说：“一日之计在于寅（早晨），一年之计在于春，一生之计在于勤。”起家的人，没有不始于勤而后渐流于荒惰的，真是可惜。《尚书》中说：“慎乃俭德，惟怀永图。”起家的人，都是以俭成功，但后来又渐渐毁于侈靡，真是可惜。……做到勤俭后，还要注意一个忍字。因为偶尔的言语伤害、行动豪放，便压抑不住愤怒，构成怨仇，导致倾家荡产，可惜历年勤俭积下来的家产一朝尽去，更何况还要害及自身，并及于先人！应坚决以此为戒！

评点

有此“勤、俭、忍”三字，不惟身可保，而且家可存、业可强，何乐而不为哉！

279. 创业当以德仁为本

原文

创业之人，皆期子孙繁盛，然其本要在于一“仁”字。桃梅杏果之实皆曰仁。仁，生生之意也。虫生其内，风透其外，能生乎哉？人心内生淫欲，外肆奸邪，即虫之蚀、风之透也。慎戒兹，为生子生孙之大计。

凡人为子孙计，皆思创立基业，然不有至大至久者在乎！舍心地而田地，舍德产而房产，已失其本矣，况惟利是图，已损阴德，欲令子孙永享，其可得乎？

解题

本篇选自姚舜牧《药言》，姚舜牧，见 017“人贵立志，磨砺益坚”。

创业的人都期望子孙繁盛，但繁盛的根本在于一个“仁”字。桃、梅、杏的果核都叫“仁”。仁，就是代代生存的意思，但如果虫子在里面吃，风在外面吹，它还能够生吗？人心内生淫欲，外行奸邪，就如同虫吃风吹一样。这一点一定要谨戒，并作为子孙生存的大计。

人们为子孙考虑，都想要创立基业，然而不是有最大最长久的东西存在吗？丢掉心地，置买土地；舍弃德产，置建房产，已经失去了基业之本了，何况惟利是图呢！惟利是图大损阴德，要想让子孙永享福乐，可能吗？

做父母的，总是要为子孙打算的，这不能说不好。问题在于，你要给后代留下什么？你又是以什么方式来完成这种遗留的？姚舜牧提出要为子孙留下仁德，不用说这是极有见识的。然而有些人不是这样。他们认为，给后代留下广厦、土地、财产、金钱，让子孙世代享用，才算尽了父辈之责。此意大错。错在何处？请你细读这则家训。

280．教家立范十八则

安贫以存士节，寡营以养廉耻。洁室以妥先灵，斋躬以承祭祀。既翕以协兄弟，好合以乐妻孥。择德以结

婚姻，和睦以联宗党。隆师以教子孙，勿欺以交朋友。正色以对贤豪，含洪以容横逆。守分以远衅隙，谨言以杜风波。暗修以淡声闻，好古以择趋避。克勤以绝耽乐之蠹己，克俭以辨饥渴之害心。

解题

本篇选自孙奇逢《孝友堂家训》。孙奇逢，见 055“知耻则不忧”。

译文

安贫乐道以保存雅士节操，少做钻营以蓄廉耻之心。清洁家室以告慰祖先之灵，斋戒躬礼以完成祭祀大事。保持和好以齐睦兄弟关系，美满安祥以欢乐夫妻子女。慎择德淑以缔结儿女婚姻，敦厚亲睦以联合宗族乡党。尊重先生以教育子孙后代，不欺不背以结交良朋挚友。端正词色以迎对贤人豪士，含蓄承让以容忍横议逆行。安分守己以避让寻衅生隙，谨言慎行以避开风波劫难。努力自修以淡化个人声闻，好古知鉴以选择趋避去从。既能勤奋以杜绝耽于安乐而蠹害自己，又能节俭以明辨饥渴之事仍关于心。

评点

上面这些话是历代先哲们都不同程度地强调过的，这里又加以条理化罢了，这十八条起于品行，中以齐家、交友、处世，终以勤俭，可知这位孙奇逢老先生是经过了一番考虑的。家家若以此教子弟，当有大好子弟出焉！

281．端蒙养，是家庭第一关系事

原文

孩提知爱，稍长知敬，此性生之良也。知识开而习操其权，性失初矣。古人重蒙养正，以慎所习，使不离其性耳。今日孺子，转兮便皆长成，此日蒙养不端，待习惯成性，始思补救，晚矣！家运盛衰，何常之有。父父、子子、兄兄、弟弟，元气固结，而家道隆昌，此不必卜之气数也；父不父、子不子、兄不兄、弟不弟，人人凌竞，各怀其私，其家亡败也，可立而待，亦不必卜之气数也。端蒙养，是家庭第一关系事，为诸孺子父者，各勉之。

解题

本篇选自孙奇逢《孝友堂家训》。孙奇逢，见 055“知耻则不忧”。

译文

婴孩时候只知道爱，稍长大一点便知道敬，这是与生俱来的良善。懂事之后，习惯就左右他的行动了，此时就不再如以前天性良善了。古人非常重视启蒙教育中培养孩子好的习惯，就是为了端正他们的习性，使他们不改变初性。今天的幼儿转眼之间就会长大，此时的启蒙教育不正确，让他养成坏习惯，再要补救可就晚了。一家运道的盛衰与否，并没有一定的规律。父有父样、子有子样、兄有兄样、弟有弟样，合家同气，那么家道繁荣昌盛是必然的，根本不必从什么气数上去推算；父无父样、子无子样、兄无兄样、弟无弟样，人人恐惧不安，各怀私心，那么，其家道的败落也必然是很快的，不必从气数上去推算。正确的启蒙教育，是家庭中最重大的事，各个已成为父亲的人，都要努力啊。

评点

人的坏毛病往往是从孩提时代养成的，特别是诸如自私、傲慢、残忍、轻浮、懒惰等性格上的毛病，更是如此。从此角度说，从幼儿时期，就应该加以正确引导，教育他们敬老、爱幼、礼貌、勤奋、诚实、节俭、谦虚，有了这些美德，一棵小树才会根深叶茂，成为栋梁之材。

282．家运盛衰，实自为之

原文

家运之盛衰，天不能操其权，人不能操其权，而己实自操之。父慈子孝，兄友弟恭，男正乎外，女正于内，即贫窭终身，而身型家范，为古今所仰，盛莫盛于此。如身无可型，而家不足范，当兴隆之时，而识者已早窥其必败矣。

解题

本篇选自孙奇逢《孝友堂家训》。孙奇逢，见055“知耻则不忧”。

译文

一家的运道是盛还是衰，不在于天，也不在别人，全是自己操纵的。父亲慈祥，子女孝顺，兄长友爱，弟弟恭谨，男人担负起外事，女人承担起内事，这样即使是贫困终身，也会因道德的榜样、家庭的风范而受到古今人们的敬仰。如果自身没有什么可使别人效法的，家庭也没有什么能成为他人规范的，正当兴隆的时候，有见识的人已早看出他必将败亡。

评点

与此则哲语意思相同的话还有不少，中心的意思是家运盛衰，主要视个人自身努力与否。这段话主要讲的是家庭关系方面的表现，其实其他方面也莫不如此，那些不拘细行、不注重家庭建设的人，应该从中学到些什么。

283．子弟需戒骄戒傲

原文

弟言家中弟子无不谦者，此却未然，余观弟近日心中即甚骄傲。凡畏人，不敢妄议论者，谦谨者也，凡好讥评人短者，骄傲者也。……云：“富家子弟多骄，贵家子弟多傲。”非必锦衣玉食，动手打人，而后谓之骄傲也，但使志得意满、毫无畏忌，开口议人短长，即是极骄极傲耳。余正月初四的信中言戒骄字，以不轻非笑人为第一义；戒惰字，以不晏起为第一义。望弟常常猛省，并戒子侄也。

解题

本篇选自曾国藩咸丰十一年（1861）二月初四《致澄弟》。曾国藩，见 026“读书只在立志真”。澄弟，即曾国潢。

译文

弟弟的来信中说家中子弟没有不谦虚的，这却未必是那么回事。我看你近来心中就很骄傲。凡是敬畏他人，不乱议论的人，都是谦虚的人，凡是喜欢讥笑讽刺别人短处的人，就是骄傲的人。……谚语说：“富家子弟多骄，贵家子弟多傲。”不一定非要等锦衣玉食，动手打人之后才称其为骄傲，只要是志得意满，没有一点敬畏忌讳之习，开口说话便议论他人短长的，就是极骄极傲。我在正月初四的信中曾提到，戒骄应以不轻易非论讥笑别人为首义；戒惰应以不晚起为首义。望弟弟常常猛省，并将此义告诫子弟。

评点

很遗憾，曾国藩在这里提出的骄傲的表现，在我们周围时常可以见到。有些人表现出色，但却因此而看不起别人；有些人自己眼高手低，自己并无骄傲的资本，却喜好议论他人，乱加褒贬。

284. 吾教子弟，不离八本、三致祥

原文

吾教子弟，不离八本、三致祥。八者曰：读古书以训诂为本，作诗文以声调为本，养亲以得欢心为本，养生以少恼怒为本，立身以不妄语为本，治家以不晏起为本，居官以不要钱为本，行军以不扰民为本。三者曰：孝致祥，勤致祥，恕致祥。

解题

本篇选自曾国藩《谕纪泽、纪鸿书》，曾国藩，见 026“读书只在立志真”。

译文

我教育子弟的道理，不离开八本、三致祥。八本是：读书以训诂为根本，做诗文以声调为根本，奉养双亲以得欢心为根本，养生以少恼怒为根本，做人以不妄语为根本，治家以不晚起为根本，做官以不要钱为根本，行军打仗以不扰民为根本。三致祥是：孝顺至祥，勤劳至祥，宽恕至祥。

评点

封建士大夫讲究修身齐家治国平天下。曾国藩这里提到的八本，实际也是在这几方面下功夫。除了第八点外，曾国藩也是照此去做的。另外，他提出的孝敬、勤劳、仁恕致祥，也是今天治家者应予重视的信条。